古代中国数学「九章算術」を楽しむ本

孫 栄健 編・著

言視舎

目次

古代中国数学「九章算術」を楽しむ本

序章　古代数学への招待

1．東アジア最古の数学書

文明は大河の畔りに起こるといわれる。大河流域の肥えた土地には、やがて定住農業社会が誕生し、狩猟や採集生活から農業社会に、そして血族的な村落から国家の形成に進み、プリミティーヴな狩猟社会から離脱した高い文明の基礎が拓かれるのが、人類の文化史一般の経過なのであった。

いわゆる世界三大文明とは、メソポタミア（バビロニア）のチグリス・ユーフラテス河の畔りと、エジプトのナイル河の畔りの二つの中心をもつ古代オリエント文明。ガンジス河の畔りのインド文明。そして東アジアの、黄河の畔りの中国文明の三つである。

そして、それぞれの文明は、それぞれ固有の数学様式を生みだしていた。バビロニアの代数学とエジプトの幾何学は、やがてギリシャに移植されて、新しいギリシャ数学として開花した。インド数学も、その0の発見のように、固有の数学的世界を創り上げていた。これは、黄河の畔りの中国文明においても同様であった。そこでは、実に独特の、また当時においては、とくに演算技術という面では、傑出した数学が成立していたのである。

その中国文明での数学史——中国・朝鮮・日本の**東アジア数学史**——における、**現在伝えられているところでの、最古の数学書**が、本書のテーマとする『九章算術』である。

この紀元前一世紀頃に成立した貴重な数学書が、東アジアの諸国家、諸民族の文化史の上において果たした役割は極めて大きい。この『九章算術』が、以後の二千年間の中国数学、朝鮮数学、日本数学の様式と方向（範型）を決定づけたのであり、東アジアの数学史だけでなく世界の数学史、文明史上の最も重要な書物の一つが、この数学書なのである。

この東アジア数学の原点ともいうべき最古の数学書『九章算術』の原型が成立したのは、おそらく紀元前一世紀くらいのことと推定（217頁参照）される。

この漢帝国の時代に成立した数学書の『九章算術』に対して、三世紀半ばに、極めて優れた数学者である**劉徽**《りゅうき》が、それを整理さらに注釈を加えた。さらに、七世紀の唐時代に、唐皇室の勅命によって、当時の天文・数学の大家である**李淳風**《りじゅんぷう》がさらに補注した。これは、国家公認の正統テキストとして、その数学大学とでもいうべき「算学」の教科書となり、社会に普及することになった。さらに、この『九章算術』は、書物として複雑な歴史をたどるのだが、十八世紀の中国清帝国、乾隆《けんりゅう》帝の時代に、その国家的文化事業である四庫全書館の仕事（236頁参照）の一つとして、考証家・**戴震**《たいしん》の整理により、新しい定本がつくられた。それが二十世紀の今日にも残る現行テキストである。

本書が部分的に影印収録している『九章算術』テキストも、清帝国の乾隆帝（在位一七三六〜一七九五）の時代に、その皇室の四庫全書館で奉勅撰された**欽定四庫全書**「武英殿聚珍版叢書」の原本である。

2. 行政実務の演算数学

どの文明においても、古代・中世の数学は、天文学との密接な関係をもっている。中国数学も、暦（天文）学とむすびついた流れと、行政とむすびついた、より実用的な社会的演算術の流れの二つに分けられる。

そして『九章算術』の内容は、書名の「九章」という言葉が表すように、農業、穀物計算、租税、商業、開平・開立計算、土木建設、分配、運輸、未知数計算、測量などの実用的な算例を、九つのグループに分類し、全部で二四五問題、すなわち、二四五の演算パターンが収録されている。つまり、行政とむすびついた実用的な演算数学の教科書なのである。

方田章第一（三八問）……農地の面積計算
粟米章第二（四六問）……穀物の換算流通
衰分章第三（二〇問）……比例分配の計算
少広章第四（二四問）……面積体積の計算
商功章第五（二八問）……土木工程の計算
均輸章第六（二八問）……租税の運輸計算
盈不足章第七（一九問）……複仮定法の計算
方程章第八（一八問）……多元一次方程式
句股章第九（二四問）……直角三角形と測量

この九つのグループそれぞれに、いろいろな場合を想定しての、実際的な算例（演算パターン）が示されている。いわば一種の算術便覧的なテキストとなっている。つまり、この数学書は、黄河流域の大規模淮漑経済社会を背景として、その官僚たちによって整理されたものであり、従って、第一章の「方田章」が田地の面積の測定をテーマとするように、そのテキストの最初から農業社会の官僚に必要な数学が挙げられ、税収入、土木工事、運輸などの、官僚の実務に必要な数学的知識が九章に分けて網羅してある。

このように、中国数学の祖型である『九章算術』は、行政のために仕上げられた算術的技能体系であった。そこに編み込まれた数学知識は、ギリシャ＝ヨーロッパ数学のユークリッド幾何学的な公理演繹体系とは根本的に思考が異なる、いわば社会の必要に対する現象学的な算術的対処であって、まったく実用一本の数学なのであった。

だが、演算術ということでは、当時の世界数学史の水準を大きく引き離すレベルがあったのも事実である。今日わたしたちが使う「**方程式**」という言葉も、実は、この『九章算術』方程章第八からのものだ。その数学的内容には、特筆すべきものがあったのである。

3．古典数学書の様式

この九章にわたる数学的内容は、中国数学の特質、あるいは東アジア科学技術思想の特質を、実に端的に表している。まず第一に、その数学は官僚実務のための必要から、官僚によって研究されたものであった。実用性と密接につながっていた。第二に、それは算術という書名にみるように、テオリア（観照）ではなくテクネー（技能）であった。数学はギリシャのような高尚な形而上的な理論を扱うものではなく、技術（演算術）としての数学であった。このような実用的な計算術としての数学の特質、パターンが、それ以後の二千年の歴史を通じて十九世紀まで、あまり大きな変化もなしに承け継がれたのである。

そして、本書が部分的に影印収録している『九章算術』テキストは、現在、台湾（中華民国）

の国立中央図書館が所蔵する四庫全書館、欽定本の原本である。

この四庫全書版テキストでは（中国古典の慣例だが）、『九章算術』原文だけではなく、三世紀の**劉徽**と七世紀の**李淳風**の注釈、そして清代欽定本の担当者である**戴震**の補注（案語）も、複合させて構成させているのだが、このように注釈を附して合刻するのは、中国古典図書発刊の一般スタイルでもある。

劉徽は三国魏の数学者である。『晋書』律暦志によると、彼が『九章算術』に施した注釈は、景元四年（二六三）に書かれたという。そして『海島算経』という数学書も彼の著書なのだが、その他にも、30頁のような円周率算定の業績などがあり、いかにも傑出した数学者であった。『九章算術』への注釈も、単なる解説を超えた独創的成果を示している。

もう一方の**李淳風**のほうは、唐帝国の時代の初期の有名な天文学者であって、国立天文台長にあたる太史令の職にあった。天文暦法の**麟徳暦**の撰者でもあった。この暦は日本にも伝来されて**儀鳳暦**の名で公用されているが、数学についても、唐帝室の勅命により六五六年に、「算経十書」（220頁参照）の大部分に注釈を施した。『九章算術』**李淳風注**も、その一つである。しかし、そこには**劉徽注**のような独創的な研究はほとんどないといわれている。

その編纂と叙述の様式なのだが、まず欽定本の序文として「御製題九章算術、有序」とあって編纂主旨を述べる。つぎに「提要」で編纂官の解説が述べられる。そして「劉徽九章算術注原序」として、三世紀の数学者の劉徽による注釈の序文を全文採録。そののち九章算術巻一「方田章」から巻九「句股章」までの全九章の篇目が展開されるのである。

その文体は、二千年前の著述であるから、先秦風の明晰な古文である。まず「**今有**（今なにがか有る）……」の言葉から設問（算例）が始まり、「**問**（**問う**）、……**幾何**」で解答を求める。そして「**答曰**（**答えて曰く**）……」で、それに応じる形となっている。さらに「**術曰**（**術に曰く**）……」として、計算法の解説が行なわれる。

次頁の左例のように、行の頭一杯まで書かれているのが原文。頭一字を落として書かれているのが注釈である。その注釈も、すぐ解説が書かれているのが三世紀の**劉徽**の注釈。だが、「淳風等、按ずるに……」から始まるのが、唐帝国の天文・数学者の**李淳風**等の注釈である。さらに一行を縦に二つに割って、二列の小文字で書かれているのが、清代の**戴震**等の考証部分である。

実に、この一冊の四庫全書版テキストは、紀元前一世紀から清帝国の中期までの千八百年にわたる、歴史時間を超越した、**原著者**—**劉徽**—**李淳風**—**戴震**と、気の遠くなるほどの時間をかけた遠大な共著の書物なのであるともいえるのだ。それを二十一世紀初に、わたしたちが読むわけなのだ。

ともあれ、このような成り立ちで、①紀元前一世紀頃に原テキストが成立し、②三世紀に**劉徽**が注釈し、③七世紀に**李淳風**がさらに注釈を加え、④十八世紀に清王朝の四庫全書館で**戴震**等

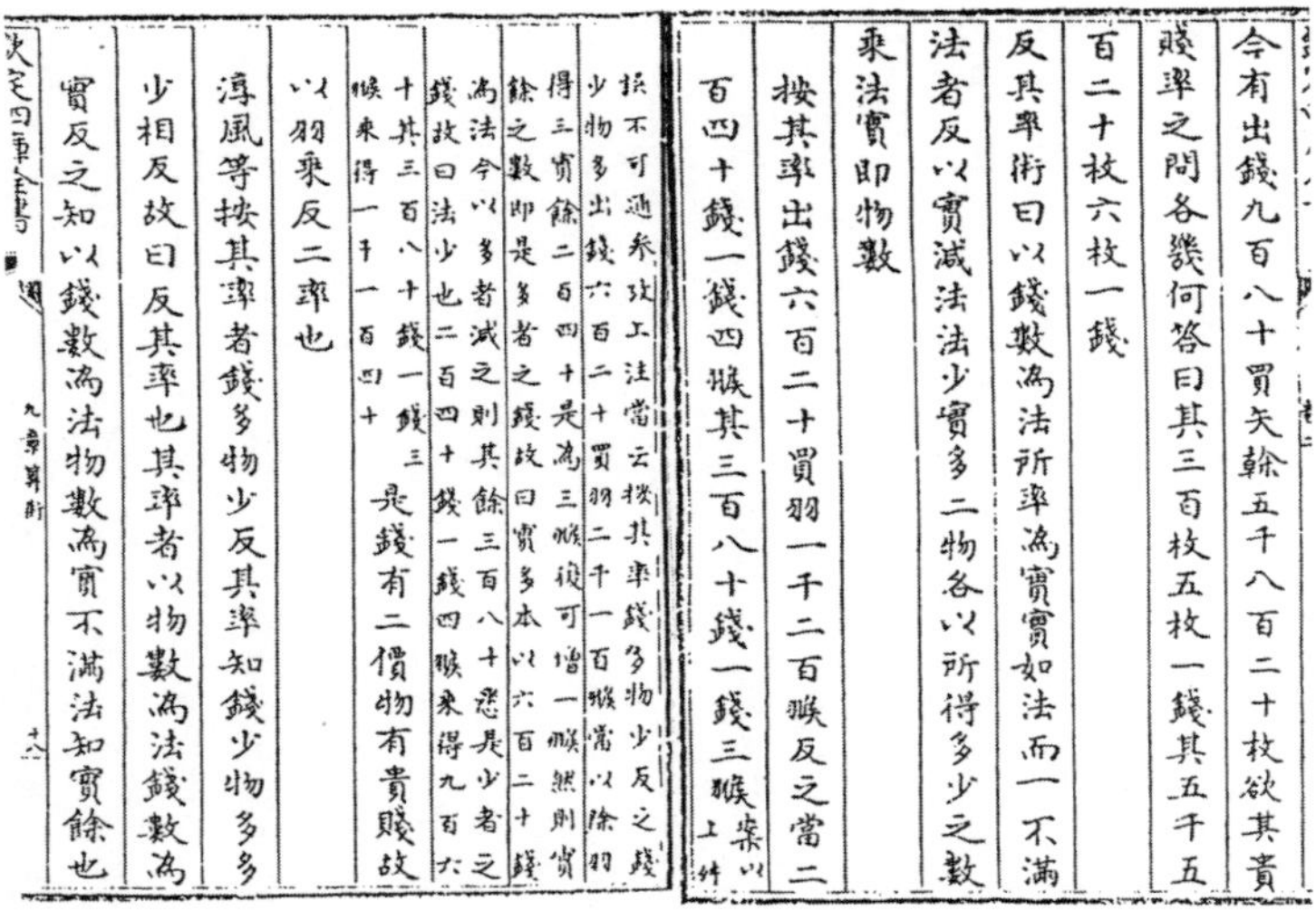
今有出錢九百八十買矢幹五千八百二十枚欲其貴
賤率之問各幾何答曰其三百枚五枚一錢其五千五
百二十枚六枚一錢
反其率術曰以錢數爲法所率爲實實如法而一不滿
法者反以實減法法少實多二物各以所得多少之數
乘法實即物數
按其率出錢六百二十買翎一千二百翭反之當二
百四十錢一錢四翭其三百八十錢一錢三翭案以上術
按不可通爲改正注當云按其率錢多物少反之錢少物多出錢六百二十買翎二千一百翭當以除翎得三實餘二百四十是爲三翭從可增一翭然則實餘之數即是多者之錢故曰實多本以六百二十錢爲法今以多者減之則其餘三百八十悉是少者之錢故曰法少也二百四十錢一錢四翭乘得九百六十其三百八十錢一錢三翭乘得一千一百四十
是錢有二價物有貴賤故
以翎乘反二率也
淳風等按其率者錢多物少反其率知錢少物多多
少相反故曰反其率也其率者以物數爲法錢數爲
實反之知以錢數爲法物數爲實不滿法知實餘也
欽定四庫全書
九章算術
十六

が考証・整理して、その武英殿の繕写処で印刷刊行された帝室図書館用の原本が、つまり本書の解説しているテキストなのである。だが本書の翻訳・解説では、原テキスト部分のみを扱い、**劉徽**の注釈、**李淳風**と**戴震**の追加注釈ははずしている。しかし、本書の「解説」の形で、とくに**劉徽**の注釈のうち興味深い部分は、取り込んでいる。

この『九章算術』の、日本における翻訳研究としては、中央公論社・世界の名著『中国の科学』に大矢真一氏訳、「数学セミナー」誌の一九七五年二月から七六年四月に清水達夫氏の連載翻訳がある。そして最も詳細な翻訳研究として、朝日出版社・科学の名著『中国天文学・数学集』に川原秀城氏の仕事があるが、この川原氏の研究が、漢文解釈においても数学解釈においても、日本でのベストとなるものであろう。

4，算木による布算術

『九章算術』では算木《さんぎ》による計算、布算が使われている。上の図のように、縦横の枡目に、竹や木のマッチ棒のような算木をならべて、いわば筆算をする。それを当時の人は算袋という袋の中に算木を入れ、また碁盤の目のように縦横の升目を描いた布（算盤）にとともに腰にさげて持ち歩いた。そのため「布算」ともいう。

数字の表し方は、枡目の中での並べ方であり、5からは一本の算木を横に置くことで示す。また**赤い算木**（**正の数**）と**黒い算木**（**負の数**）で、すでに正負の概念を用い、また空白（無入）の升目は、その位がゼロであることを示す。

たとえば、ある枡目に、赤い算木（正の数）4本があり、それに黒い算木（負の数）3本を移動して加えれば、引き算となり、赤黒の算木が3本ずつ相殺されて、赤い算木が1本残る。それが答えとなる。もちろん、赤い算木（正の

算木の並べ方（縦式）

1	2	3	4	5	6	7	8	9
𝍠	𝍡	𝍢	𝍣	𝍤	𝍥	𝍦	𝍧	𝍨

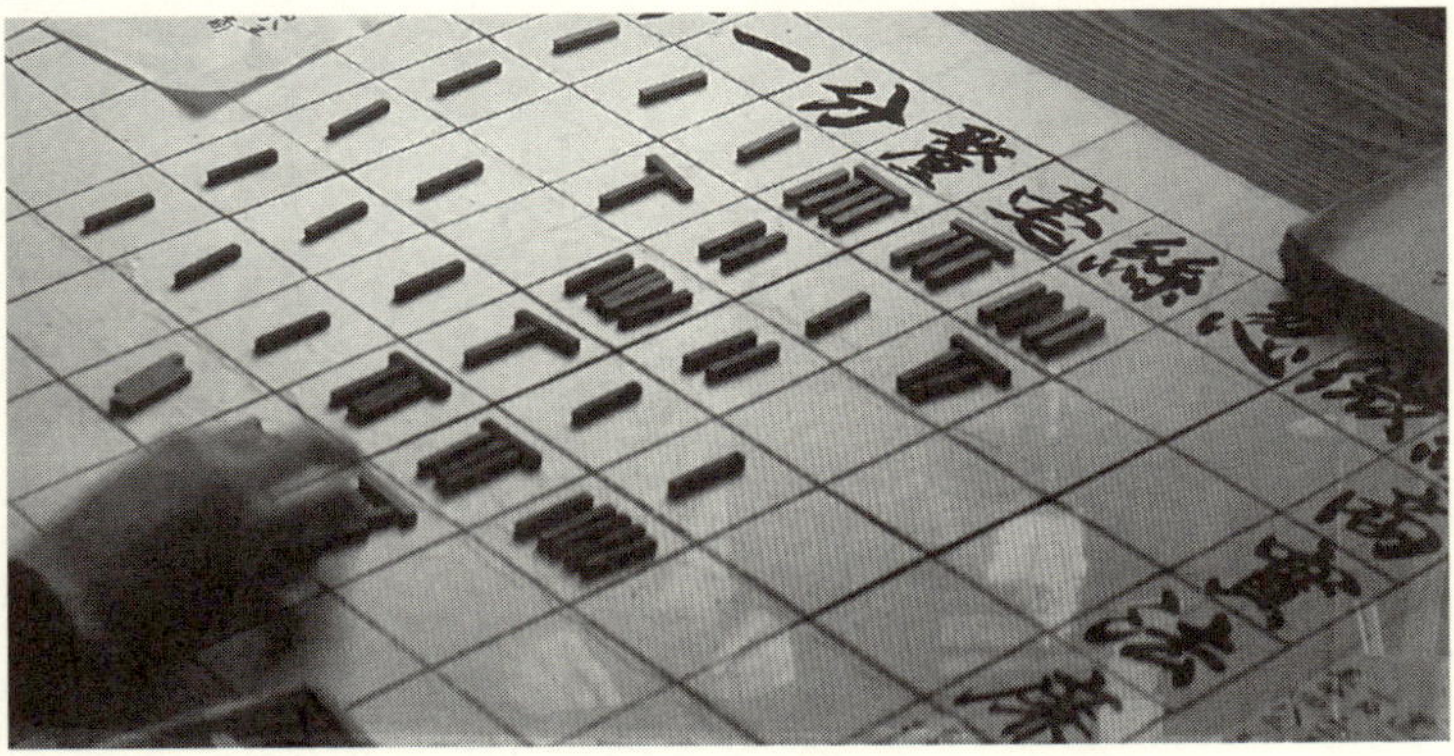

数）に赤い算木を加えれば、足し算である。

また四則演算だけでなく、平方根や高次方程式の解を求めることもできる。紀元前の発明であるから、当時としては世界数学史的にも画期的なものであったに違いない。

中国では宋の時代に、この布の算盤の上に算木をならべて高次方程式を解く「天元術」が発達した。布に升目をどう設定するかは、さまざまな使い方があるようだが、「天元術」では上段に横に位取りの桁を設定し、縦に、「商」「実」「法」「廉」「偶」などの数学的意味を設定する。この設定には、さまざまなやり方がある。

また**唐の時代**には、今のような**算盤**（**珠算**）が誕生したとされるが、簡単な計算は算盤（珠算）で行ない、のちには、算

①

億	万	千	百	十	一	
			4	3	5	商
			3	5	6	実
						法
						廉
						隅

②

億	万	千	百	十	一	
			4	4	1	商
			3	5		実
						法
						廉
						隅

③

億	万	千	百	十	一	
			4	9	1	商
			3			実
						法
						廉
						隅

④

億	万	千	百	十	一	
			7	9	1	商
						実
						法
						廉
						隅

木は複雑な高次方程式を解くときに用いられた。日本においては**関孝和**が、それを算木ではなく紙に書いて文字係数の多元高次方程式を表す工夫（**傍書法**）をしている。

●算木による足し算

①「商」に足される数、「実」に足す数を赤い算木（正の数）で置く。

②「実」の6を「商」の5に加える。②繰り上がりができるが、算木を配当する。

③④同様に、「実」の十の位の5と百の位の3の算木を「商」に加える。算木を整理し、繰り上がりがあれば処理する。答えがでる。マス目に現代式のアラビア数字ではなく細い木を並べて数字扱いして、筆算する。

●算木による引き算

①「商」に引かれる数を置く。「実」に引く数を置く。

①

億	万	千	百	十	一	
			7	9	1	商
			−3	−5	−6	実
						法
						廉
						隅

②

億	万	千	百	十	一	
			7	8	5	商
			−3	−5		実
						法
						廉
						隅

③

億	万	千	百	十	一	
			7	3	5	商
			−3			実
						法
						廉
						隅

④

億	万	千	百	十	一	
			4	3	5	商
						実
						法
						廉
						隅

算木では、「商」は赤い算木（正の数）を、「実」には黒い算木（負の数）を置く。この説明ではマイナス表示する。赤い算木と黒い算木つまり正の数と負の数を合算すれば、引き算になる。

②「実」の一の位のマイナス6を「商」に移動すると、つまり、赤い算木1本に黒い算木6本をぶつけると、赤黒1本が相殺されて、黒い算木が5つ残る。「商」の十の位の9から一つ繰り下げて、赤と黒の算木を整理すると一の位は赤の5、十の位は8が配当される。

③④同様に、「実」の黒い算木（負の数）を「商」の枡目に移動して、赤の算木（正の数）と相殺し整理する。答えが出る。

●算木による掛け算

①「商」に掛けられる数（被乗数）を「法」に掛ける数（乗数）を赤の算木（正の数）で置く。答えは「実」の段に出る。

①

億	万	千	百	十	一	
			2	1	7	商
						実
				5	4	法
						廉
						隅

②

億	万	千	百	十	一	
			2	1	7	商
	1		8			実
		5	4			法
						廉
						隅

③

億	万	千	百	十	一	
			2	1	7	商
	1		8			実
			5	4		法
						廉
						隅

④

億	万	千	百	十	一	
			2	1	7	商
	1	1	3	4		実
			5	4		法
						廉
						隅

⑤

億	万	千	百	十	一	
			2	1	7	商
	1	1	3	4		実
				5	4	法
						廉
						隅

⑥

億	万	千	百	十	一	
			2	1	7	商
	1	1	7	1	8	実
				5	4	法
						廉
						隅

②「商」の頭から計算するので、「法」の一の位と「商」のもっとも大きいくらいの列をそろえる。そして「商」の2と「法」の54を掛けて「実」の段に108の算木を置く。千の位はゼロであるが、空白状態（無入）にする。

③次の「商」の十の位も、それと「法」の一の位の算木を一ケタ移動して、合わせる。

④同様に、「商」の1と54を掛けて、その数字を「実」に加える。⑤⑥も、同様の処理。

●算木による割り算

①「実」に割られる数（被除数）を黒の算木（負の数）で置き、「法」

①

億	万	千	百	十	一	
						商
			−7	−8	−4	実
				5	4	法
						廉
						隅

②

億	万	千	百	十	一	
				1		商
			−7	−8	−4	実
			5	4		法
						廉
						隅

③

億	万	千	百	十	一	
				1		商
			−2	−4	−4	実
			5	4		法
						廉
						隅

④

億	万	千	百	十	一	
				1	4	商
			−2	−4	−4	実
				5	4	法
						廉
						隅

⑤

億	万	千	百	十	一	
				1	4	商
				−2	−8	実
				5	4	法
						廉
						隅

784÷54

答え　$14\frac{28}{54}$

に割る数（除数）を赤の算木（正の数）で置く。こたえは「商」の段に出る。

②まず両方を見ると、78の中に54は一つ含まれる見当がつく。そこで「実」の最大の位と、「法」の最大の位の頭をそろえる。78割る54であるから、解答欄である「商」の十の位に1が立つ。ここで、もし38割る54のような場合は、「法」を一ケタ右にずらして計算する。

③「商」の1と「法」の54を掛けて、それを「実」の黒い算木（負の数）に赤い算木（正の数）で加える。

④⑤同様手順で、「法」を一ケタ右にずらしながら計算する。余りがあれば、残った「実」割る「法」の分

①

億	万	千	百	十	一	
						商
				−1	−8	実
					3	法
					1	廉
						隅

②

億	万	千	百	十	一	
					3	商
				−1	−8	実
					3	法
					1	廉
						隅

③

億	万	千	百	十	一	
					3	商
				−1	−8	実
					3+3	法
					1	廉
						隅

④

億	万	千	百	十	一	
					3	商
				−1	−8	実
					6	法
					1	廉
						隅

⑤

億	万	千	百	十	一	
					3	商
				−1+1	−8+8	実
					6	法
					1	廉
						隅

⑥

億	万	千	百	十	一	
					3	商
						実
					6	法
					1	廉
						隅

二次方程式
「実」が０となったときの「商」の値が解となる

数の形で出る。ここでは、$14\frac{28}{54}$の形である。

●算木で二次法程式を解く

$x^2+3x-18=0$

を布算（算木計算）で解いてみる。

①「**実**」は定数で黒い算木（負の数）で、「**法**」は**一次式**でxの係数3を、「**廉**」は**二次式**でx^2の係数1を置く。「**偶**」は**三次式**を表す。

②解を予想し、「商」に3を置く。

③④「商」の3と「廉」の1の積を「法」に加える。これを中国数学で「乗加」と呼ぶ。

⑤同様に、「商」の3と「法」の6の積を「実」に加えて「乗加」する。⑥で「**実**」**がゼロ**になり正答である。

※慣れると②の解の予想は意外と容易。また予想値と違っても、再試行や、修正しながら正答するノウハウがある。平方根や高次方程式にも使える。

欽定四庫全書

九章算術巻一　　　　晋　劉　徽　注

　　　　　　　　　　唐　李淳風註釈

方田以御田疇界域

方田——田畑（田疇）の界域を御《おさ》める。

解説——方田章第一は、主として田地の測量、面積計算を扱う。これによって計算された面積が賦税の基準となったのだろう。三角形、四辺形、矩形、円形、弧形、環形などの各種の面積計算がなされている。円周率は実用値（**約率**）として三（**周三径一**）を用いている。方田章は、このような面積計算のほかに、分数計算の算例が多く収められている。世界のどの文明においても、古代においては、小数よりも分数が主に使用されていたのだが、インド数学の単位分数による表示や、自然数のみを重視するピタゴラス学派などより、『九章算術』の表示と算法が秀れており、一般分数計算法は、ほぼ完成されている。方田章には約分、合分、減分、課分、平分、経分、乗分などの計算術が示されている。また【6】の約分で等数（最大公約数）を求める方法はギリシャのユークリッドの、おそらく古代オリエント数学を起源とする方法と同じである。これらの算例は、農業社会における中央集権制での官僚実務に密着した、アルゴリズム的な、土地測量と農業生産、収税への数学的裏付けとなる計算術の教程なのである。それは経験的な事実を長い歴史のあいだに洗練させ、算術的に整理、集成した全く実用的なものであったといえる。

解説――また、その計算は、補助具として算木《さんぼく》を用いる布算《ふさん》によって行なう器具計算術である。この算木とは、算盤以前での東アジアの古い計算具であって、数センチの小棒を、10頁写真のような、おおむね布の上に碁盤目に区切られた計算盤の上に並べて行なう。この器具計算術の手順は、基本的には、今日の筆算と同様のようなものである。だが、負数の計算や開平、開立の計算、方程式的計算もできる。だが、四則演算のスピードは算盤より遅い難点があった。

【1】今、田が有る（**今有**）。横（広）が十五歩、縦が十六歩である。問う、田の面積はいくらか（**幾何**）。

答え（**答曰**）は、一畝《せ》である。

【2】又、田が有る。横が十二歩、縦が十四歩である。問う、田の面積はいくらか。

答えは、一六八平方歩（原文は歩で表示）である。

方田術という計算法（**術曰**）は、横と縦の歩数を掛け合わせ（相乗）、面積の平方歩数（積歩）を得るのだ。これを畝の法（除数）二四〇歩で割ると、すなわち畝の数となる。また、一〇〇畝《せ》が一頃《けい》である（一頃＝百畝、一畝＝二四〇歩）。

解説——漢代の一尺は約0・23m、六尺が一歩。面積も今日のように平方歩ではなく、長さと同様に歩のみで表示するので紛らわしいが、二四〇平方歩が一畝《せ》、一〇〇畝が一頃となる。

【3】今、田が有る。横が一里（一里＝三百歩）、縦が一里である。問う、田の面積はいくらか。

答えは、三頃《けい》七十五畝《せ》である。

【4】又、田が有る。横が二里、縦が三里である。問う、田の面積はいくらか。

答えは、二十二頃五十畝である。

里田術という計算法は、横と縦の里数を掛け合わせ、面積の平方里数（積里）を得るのだ。これに三七五を掛けると、畝の数となる。

解説——漢代の度量衡での長さの一里（中国里）は約四一四メートル、三〇〇歩が一里である。面積表示も平方里という発想は、まだ無い。長さの単位と同様の里のみで表示するのである。

面積の一里（平方里）は九万歩（平方歩）、二四〇歩（平方歩）が一畝であるから、面積の一里は三頃七十五畝である。このように『九章算術』の問題は、問題【3】で計算法と基本的な換算率を同時に教える。さらに問題【4】で実地に応用させ、確認させるという教育的効果が配慮されている。

【5】今、十八分の十二が有る。問う、これを約せばいくらを得るのか。

答えは、三分の二である。

【6】又、九十一分の四十九が有る。問う、これを約せばいくらを得るか。

答えは、十三分の七である。

約分術という計算法は、分母分子を、ともに半分にできるものは半分にする。できないものは、別（計算盤に）に分母分子の数を副（補助計算用）として置いて、まず、小さなほうを大きなほうから引き、（余りがあれば逆に余りを小さいほうから引き）この互いに引き合う手順を繰り返す（多更相減）。両方が等しくなるまでつづけ、両者の最大公約数（等数）を求める。この最大公約数で両者を約分する。

解説――テーマは二整数間（この場合は分母と分子）の最大公約数を求めて約分する方法であり、『九章算術』の方法は、**ユークリッド**『**幾何原本**』七巻第二題の**互除法**と同じである。

【7】今、三分の一と、五分の二が有る。問う、これを合わすといくらを得るのか。

答えは、十五分の十一である。

【8】又、三分の二と、七分の四と、九分の五が有る。問う、これを合わすといくらを得るか。

答えは、一と六十三分の五十を得る。

【9】又、二分の一と、三分の二と、四分の三と、五分の四が有る。問う、これを合わすといくらを得るか。

答えは、二と六十分の四十三を得る。

合分術という計算法は、分母をたがいに分子に掛ける。それを加え合わせて実（被除数）とする。分母同士を掛け合わせて法（除数）とする。実を法で割り（実如法而一）、法に足りない部分（余り）は、法を分母とする。分母が同じ場合は（其母同者）は、ただ分子の数に従う。

解説――通分の計算法において、分母の最小公倍数を算出するのではなく、分母を全部掛け合わせる公分母によって行なっている。**劉徽註**では、このような、分母をたがいに分子に掛けたものを**斉**（ひとしいもの）と呼び、分母同士を掛け合わせたものを**同**（ともにするもの）と呼んで、被加数の分母を加数の分子に掛け、加数の分母を被加数の分子に掛ける通分計算を、**斉同術**と称して、算術の重要な網紀であるとしている。

【10】今、九分の八が有り、其れから五分の一を引（減）く。問う、余りはいくらか。

答えは、四十五の三十一である。

【11】又、四分の三が有り、其れから三分の一を引く。問う、余りはいくらか。

答えは、十二分の五である。

減分術という計算法は、分母をたがいに分子に掛けて、少ないものを多いものから引いて、余りを実（被除数）とする。分母を掛け合わせたものを法（除数）とする。実を法で割（分数化）る。


【12】今、八分の五と、二十五分の十六が有る。問う、いずれが多いか、また、いくら多いか。

答えは、二十五分の十六が多く、二〇〇分の三多い。

【13】又、九分の八と、七分の六が有る。問う、いずれが多いか、また、いくら多いか。

答えは、九分の八が多く、六十三分の二多い。

【14】又、二十一分の八と、五十分の十七が有る。問う、いずれが多いか、また、いくら多いか。

答えは、二十一分の八が多く、一〇五〇分の四十三多い。

課分術という計算法は、分母をたがいに分子に掛け、少ないものを多いものから引き、余りを実とする。分母同士を掛け合わせて法とし、実を法で割る、それがすなわち両者の多寡である。

解説——**課**とは多少を比較する意味であり、計算は減法である。従って、**課分術**と**減分術**の思考と計算法は同一であるが、**減分術**が余数を求めるのに対して、**課分術**は余数を算出することによって、二つの分数間の大小を知るのである。

【15】今、三分の一と、三分の二と、四分の三が有る。問う、多いものからいくら引き、少ないものにいくら加える（減多益少）と、それぞれ平《ひと》しく（平均に）なるか。

答えは、四分の三から十二分の二、三分の二から十二分の一を引き、それを合わせて（最少数である）三分の一に加えると、それぞれが十二分の七に平しく（平均）なる。

【16】又、二分の一と、三分の二（四庫全書版・三分之一と誤字）と、四分の三が有る。問う、多いものからいくら引き、少ないものにいくら加えると、それぞれ平しくなるか。

答えは、三分の二から三十六分の一、四分の三から三十六分の四を引き、それを合わせて（最少数である）二分の一に加えると、それぞれが三十六分の二十三に平しくなる。

平分術という計算法は、ⓐ分母をたがいに分子に掛けて、別の所に、ⓑその値を加え合わせた平実（平均値を与える被除数）として算出しておく。ⓒつぎに分母同士を掛け合わせて法（除数）を出す（母相乗為法）。ⓓ列数（分数の個数）を未だ加え合わす以前の数値に掛け、それぞれの列実（各分数値を与える被除数）とする。ⓔまた列数を法に掛ける。（以上の基本数値を算出した上で）ⓕ平実を列実より引く。ⓖ余りを約すと、多いものから引く数（所減）が求められる。ⓗその引く数を合わせ、少ないものに加え、ⓘその平実を分子として、その法を分母とすれば、其の平（平均値）が得られる。

解説——第十五問を例とする。

ⓐ $3 \times 4 \times 1 = 12$

$3 \times 4 \times 2 = 24$

$3 \times 3 \times 3 = 27$

ⓑ $12 + 24 + 27 = 63$　平実

ⓒ $3 \times 3 \times 4 = 36$　法

ⓓ $3 \times 12 = 36$

$3 \times 24 = 72$

$3 \times 27 = 81$

（以上三式）列実

ⓔ $3 \times 36 = 108$　法

ⓕ $36 - 63 = -27$

ⓖ $72 - 63 = 9$

$81 - 63 = 18$

ⓗ $\frac{1}{12}+\frac{2}{12}=\frac{3}{12}$（加える数）

ⓘ $\frac{1}{3}+\frac{3}{12}=\frac{7}{12}$（平均値）

【17】今、七人で、八銭と三分の一銭（四庫全書本・三分銭之七と誤字）を分ける。問う、各人いくらを得るか。

答えは、一銭と二十一分の四銭を得る。

【18】又、三人と三分の一人で、六銭と三分の一銭と、四分の三銭を分ける。問う、各人いくらを得るか。

答えは、二銭と八分の一銭を得る。

経分術という計算法は、人数を法とし、銭数を実として、実（被除数）を法（除数）で割る。実と法のいずれかに分数が有れば、通分しておく。また両方に分数がある場合も、同様に通分しておく。

【19】今、田が有る。横（広）が七分の四歩、縦が五分の三歩である。問う、田の面積はいくらか。

答えは、三十五分の十二歩（平方歩）である。

【20】又、田が有る。横が九分の七歩、縦が十一分の九歩である。問う、田の面積はいくらか。

答えは、十一分の七歩（平方歩）である。

【21】又、田が有る。横が五分の四歩、縦が九分の五歩である。問う、田の面積はいくらか。

答えは、九分の四歩（平方歩）である。

乗分術という計算法は、分母同士を掛け合わせて法とする。分子同士を掛け合わせて実とする。実（被除数）を法（除数）で割るのである。


【22】今、田が有る。横は三歩と三分の一歩、縦は五歩と五分の二歩である。問う、田の面積はいくらか。

答えは、十八歩（平方歩）である。

【23】又、田が有る。横は七歩と四分の三歩、縦は十五歩と九分の五歩である。問う、田の面積はいくらか。

答えは、百二十歩（平方歩）と九分の五歩（平方歩）である。

【24】又、田が有る。横は十八歩と七分の五歩、縦は二十三歩と十一分の六歩である。問う、田の面積はいくらか。

答えは、一畝（二四〇歩）と二〇〇歩（平方歩）と十一分の七歩（平方歩）である。

大広田術という計算法は、分母をそれぞれの整数部分に掛け、分子をその値に加える（つまり帯

【26】

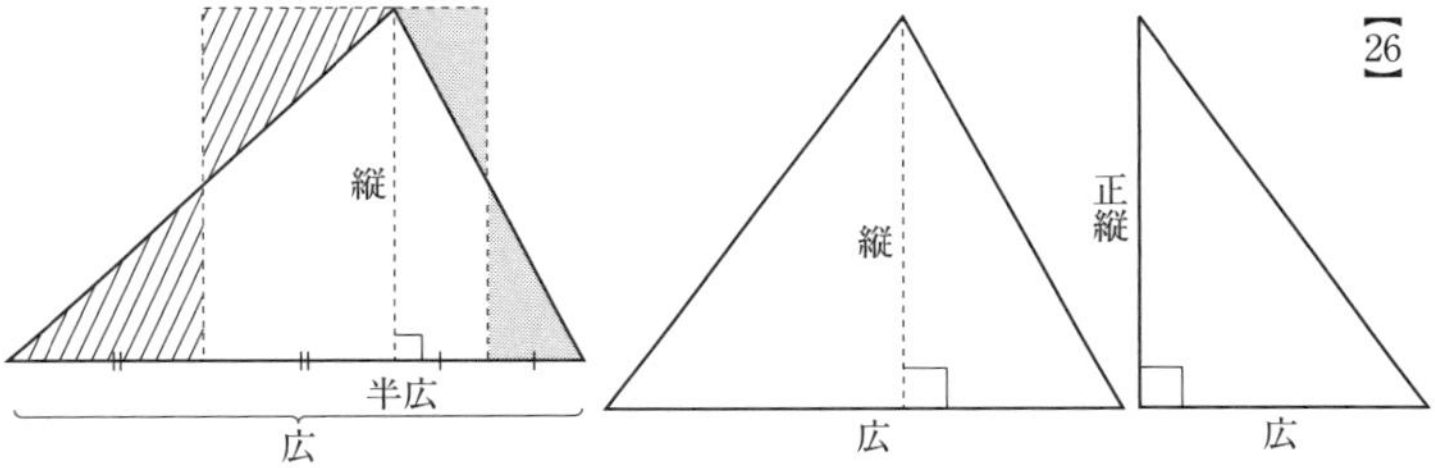

分数を整理して分数化する）。そして得た値をたがいに掛け合わせて実とする。また分母同士を掛け合わせて法とする。実（被除数）を法（除数）で割る。

解説——**李淳風註**によると、初術である**方田術**は整数の乗法、次術である**乗分術**は分数の乗法であるが、比の術は帯分数の乗法であって、広く三術を兼ねる。ゆえに**大広**と称すとある。

【25】今、圭田（三角形の田）が有る。広（底辺）は十二歩、正縦（直角をはさむ高さ）は二十一歩である。問う、田の面積はいくらか。

答えは、一二六歩（平方歩）である。

【26】又、圭田が有る。広（底辺）は五歩と二分の一歩、縦（高さ）八歩と三分の二歩である。問う、田の面積はいくらか。

答えは、二十三歩（平方歩）と六分の五歩（平方歩）である。

術（圭田術）すなわち計算法は、広（三角形の底辺）をまず半分にし、それに正縦（高さ）を掛けるのである。

解説——つまりは三角形の面積計算であるが、**劉徽註**では、底辺を半

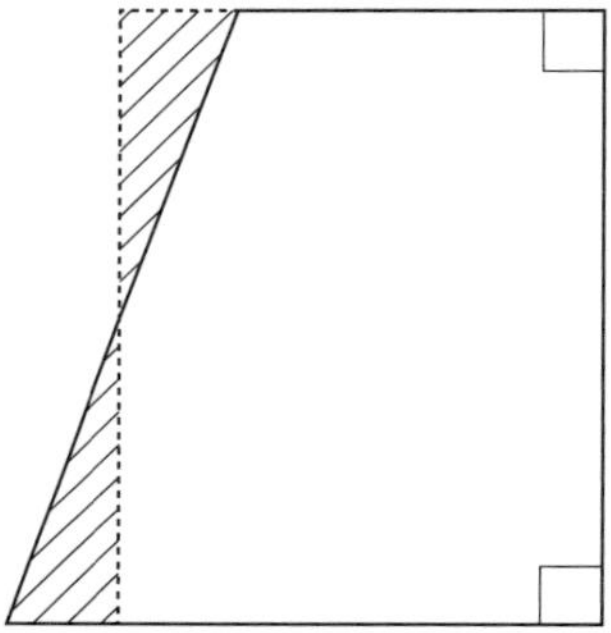

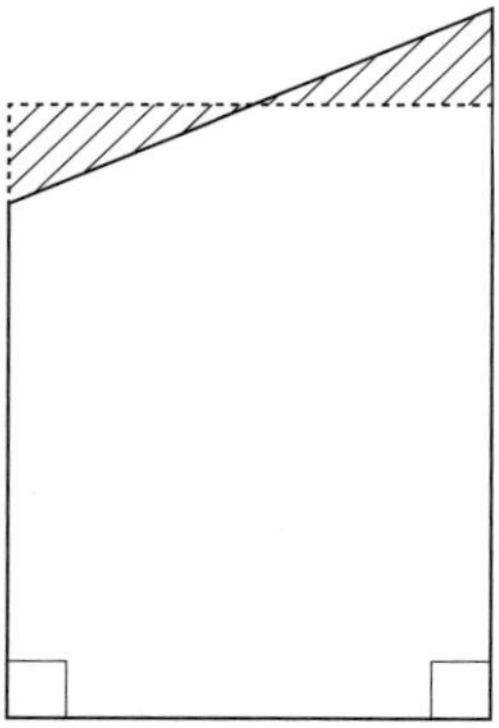

分にすることによって、平均的な長方形の田の面積を得るのと同じ計算になると、経験主義的な、図形的説明をしている。

【27】今、斜田（直角台形の田）が有る。一つの頭広（上底）は三十歩、もう一つの頭広（下底）は四十二歩、正縦（高さ）は六十四歩である。問う、田の面積はいくらか。答えは、九畝と一四四歩（平方歩）である。

【28】又、斜田が有る。正広（幅）六十五歩、畔縦（片辺）が一〇〇歩、もう一つの畔縦（片辺）は七十二歩（四庫全書本・七十歩歩と誤字）である。問う、田の面積はいくらか。答えは、二十三畝と七十歩（平方歩）である。

術（斜田術）すなわち計算法は、両斜（平行する二辺、図の二つの頭広あるいは畔縦）を合わせて、それを半分にする。それに正縦か正広を掛けるのである。又は、正縦や正広をまず半分にして、それ（に両斜）を掛け合わす計算手順も、可能である。そして得た値を畝法（一頃が百畝、一

【30】

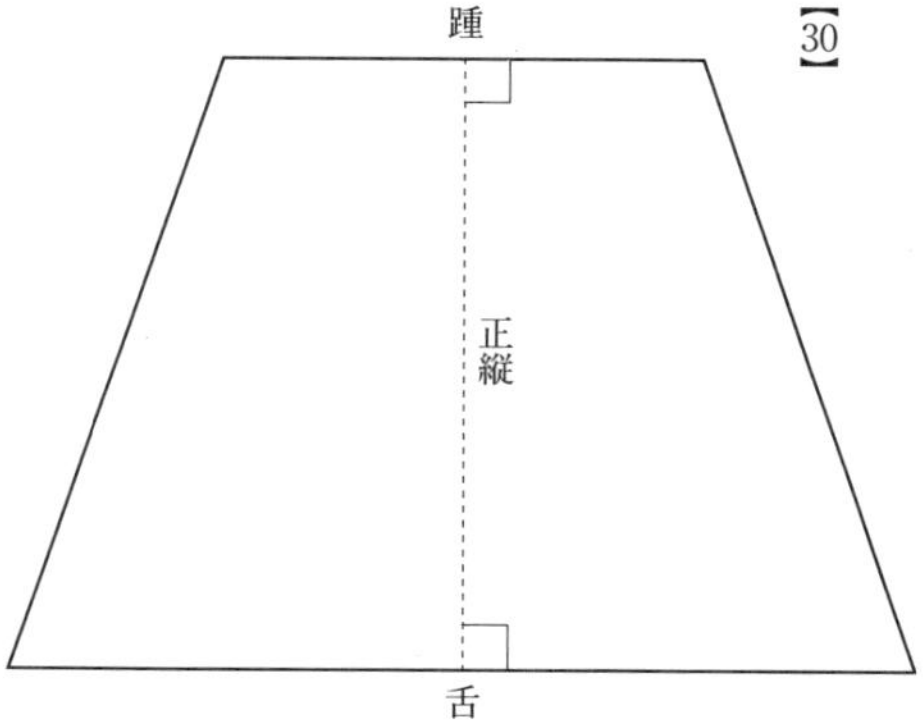

畝は二四〇平方歩）で割る。

【29】今、箕田《き》（台形の田）が有る。舌広（上・下の一底）は二十歩、踵《しょう》の広さ（踵闊）は五歩、正縦（高さ）は三十歩である。問う、田の面積はいくらか。

答えは、一畝と一三五歩（平方歩）である。

【30】又、箕田が有る。舌広は一一七歩、踵広は五十歩、正縦は一三五歩である。問う、田の面積はいくらか。

答えは、四十六畝と二百三十二歩（平方歩）半である。

術（**箕田術**《きでんじゅつ》）すなわち計算法は、踵と舌を合わせて半分に（台形の上底と下底を合わして半分に）して、それに正縦（高さ）を掛ける。そして得た値を、畝法（一畝＝二四〇歩）で割る。

【31】今、円田が有る。周（円周）三十歩、径（直径）十歩である。問う、田の面積はいくらか。

答えは、七十五歩（平方歩）である。

【32】今、円田が有る。周は一八一歩、径は六十歩と三分の一歩である。問う、田の面積はいくらか。

答えは、十一畝九十歩（平方歩）と十二分の一歩（平方歩）である。

【32】

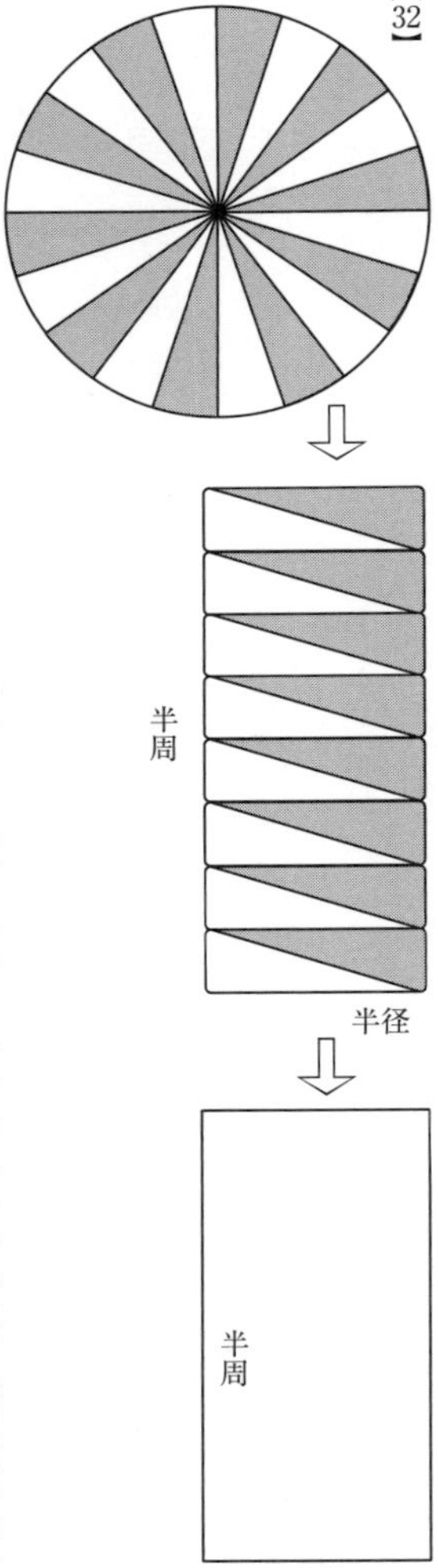

術（**円田術**）すなわち計算法は、円周の半分と直径の半分を掛け合わせ、積歩（面積の平方歩数）を得るのである。

解説――円積計算で最も重要な数学史的要素は、円周率の精度である。『九章算術』は実用的（**約率**）な円周率3（**周三径一**）を用いている。そこで**劉徽註**では、**密率**（$\pi = \frac{157}{50} = 3.14$）によって、【31】と【32】を再計算している。

解説――**劉徽註**では、この計算法は、左図のように、円周の半分を長方形の縦、半径を横として、円を長方形に直した形での面積計算法と説明している。

解説――この**円田術**における**劉徽註**は、以下、円周率の算出に関する独立した小論文になっており、東アジア数学史上の画期的な業績である。それは円に内接する正多角形の外周を計算して、円周との近似値を得る方法（**割円術**）である。たとえば次頁の図のように直径1の円に

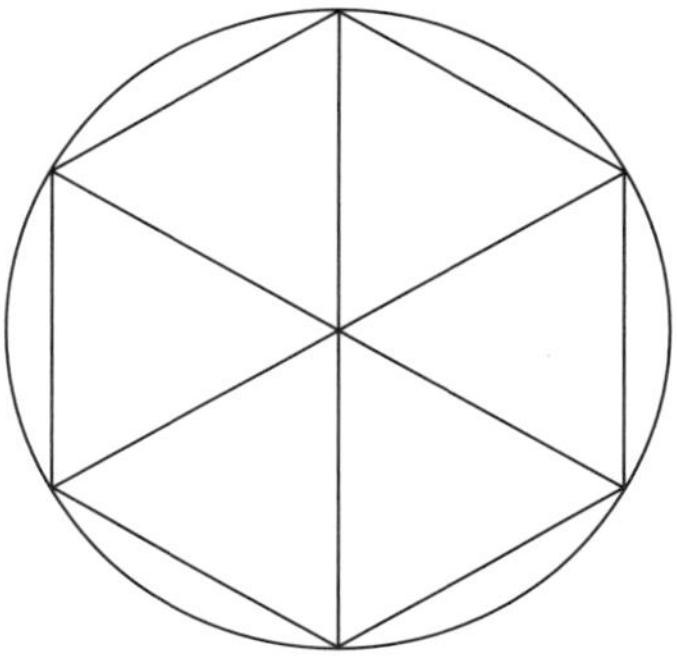

周三径一

内接する正六角形の外周は3である。従って、この数値を円周率の近似値として採れば、**周三径一**であって円周率は3である。この$\pi = 3$が「**約率**」と呼ばれて、実用上の数値とされた。しかし天文学等の必要から、更に精密な円周率である「**密率**」が要求された。そこで**劉徽註**では、半径一尺の円について、その円に内接もしくは外接する正多角形の面積Sによって、円周率πの近似値を求める方法も択っている。円の面積はπr^2であるから、半径が1の場合の正六角形より進んで、しだいにその辺数を正十二角形、正二十四角形と二倍二倍していけば、こうした正n角形の無限等比級数的な極限として、正n角形の面積と円の面積が一致することになる。πr^2で半径の係数が1であるから、従って、その得られた正n角形の面積Sが、すなわち円周率πとなる。**劉徽**はこの操作（**取り尽くし法**）を内接正三七一二角形まで述べているが、一応、正九十六角形と正一九二角形における計算から、当時としては最も優れた円周率πの近似（$\int_{96} = 314\frac{169}{625}$，$\int_{192} = 314\frac{64}{625}$）を求めている。

さらにπの上下限を右図のような操作によって内接正n角形と正2n角形の面積について考えると、$nAB\cdot CD = 2(S_{2n} - S_n)$となる。また外接正n角形の面積は

$S_n + 2(S_{2n} - S_n) = S_{2n} + (S_{2n} - S_n)$となるが、その値は円の面積（π）より大きい。そこで外接正n角形の面積と内接正n角形の面積で円の面積（π）を挟み撃ちにするとして、$n = 96$の場合において代入すれば、$314\frac{64}{625} < 100\pi < 314\frac{169}{625}$の値を得る。以上によって三世紀の**劉徽**は、円周率$3.14\frac{4}{25} = 3.1416$を算出した。この数値（**微率**）は、五世紀後半の**祖沖之**《そちゅうし》によって円周率πの上下限として、$3.1415926\ \pi < 3.1415927$にまで精度が高められた。これは小数点六桁（$\pi = \frac{355}{113}$）まで正しい精密値であって、ヨーロッパ数学では一五七三年にドイツの**オットー**が得た数値と一致する。つまりヨーロッパの成果よりも、千百年以上も先んじていたわけである。

又の術すなわち別の計算法として、円周と直径を掛け合わせ、四で割る方法もある。

解説——**劉徽註**によれば、この円周とは内外接する正多角形の周長と同じ意味である。つまりは**円田術**の初術と基本的には同じ操作であるが、円周の半分と直径の半分を掛け合わせるのではなく、最後に四で割るのである。

又の術すなわち別の計算法として、直径を自乗して、それを三倍し四で割る方法もある。

解説——**劉徽註**では、直径の自乗は外方（円の外接正方形）であって、円周率$\pi = 3$の円の面積は、つまり内接正六角形の面積は、その外接正方形の四分の三ということになる。そして、それは円の内接正十二角形の面積にほぼ等しいが、正確な数値ではないと説明している。

又の術すなわち別の計算法として、円周を自乗して、十二で割る方法もある。

解説――これも円周率$\pi=3$（**約率**）での概数を求める計算法である。つまり正六角形の周の自乗を十二で割ると、円に内接する正十二角形の面積になるのである。

【33】今、晥《えん》田（宛《えん》田、小山のように盛り上がった形の田）が有る。下周は三十歩、径（上面のまがりに沿ったさしわたし）は十六歩である。問う、田の面積はいくらか。

答えは、一二〇歩（平方歩）である。

【34】今、宛田が有る。下周は九十九歩、径は五十一歩である。問う、田の面積はいくらか。

答えは、五畝六十二歩（平方歩）と四分の一歩（平方歩）である。

術（宛田術）すなわち計算法は、径を下周に掛けて、四で割るのである。

【34】

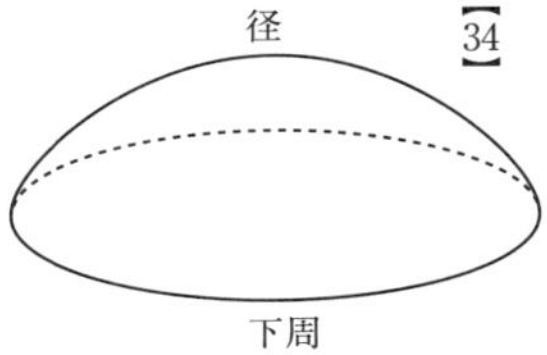

解説――水田稲作農業ではなく畑作の麦作農業においては、種々の立体的な

地形がある。これらの表面積の計算は田租等の算出のための概数計算で行ない、表面積計算ではない。**宛田術**の計算も。簡略化のため。平面状態と考えて。**円田術**と同様の方法を用いている。

【35】今、弧田（弓形の田）が有る。弦は三十歩、矢は十五歩である。問う、田の面積はいくらか。

答えは、一畝九十七歩（平方歩）半である。

【36】又、弧田が有る。弦は七十八歩と二分の一歩、矢は十三歩と九分の七歩である。問う、田の面積はいくらか。

答えは、二畝一五五歩（平方歩）と八十一分の五十六歩（平方歩）である。

術（弧田術）すなわち計算法は、弦を矢に掛け、また矢を自乗して、それらを加え合わせて二で割るのである。

【36】

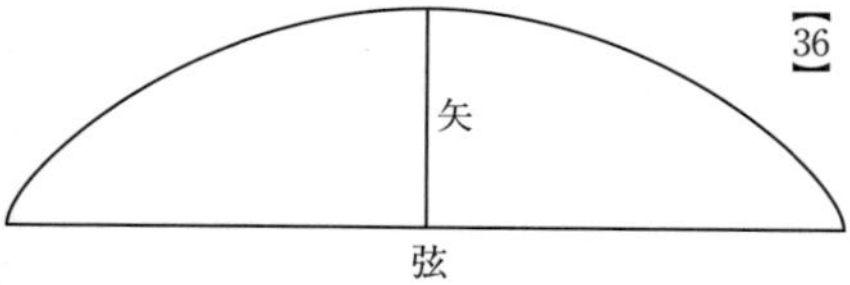

解説――これも変形な農地の近似面積を求める経験主義的な概数計算法である。従って半円の場合のみは、**円田術**の半円弧として正しくは算出できるが、その他の場合は、あくまで近似値である。

【37】今、環田（ドーナツ形の田）が有る。中周九十二歩、外周一二二歩、径は五歩である。問う、田の面積はいくらか。

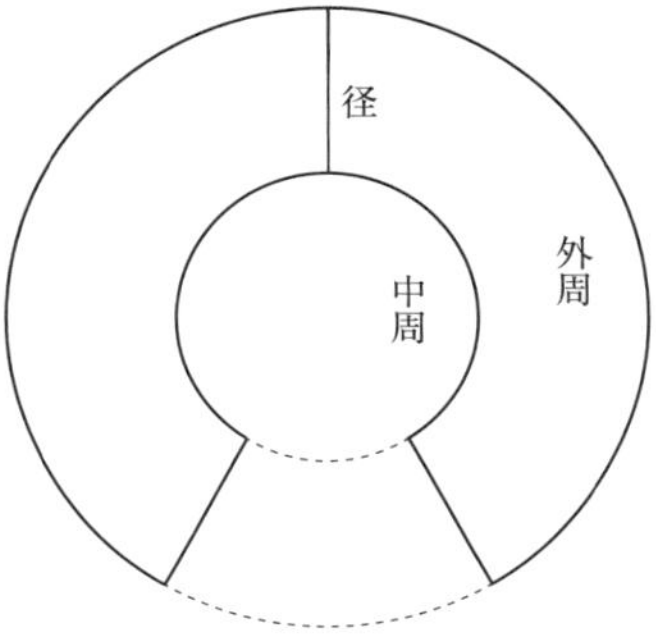

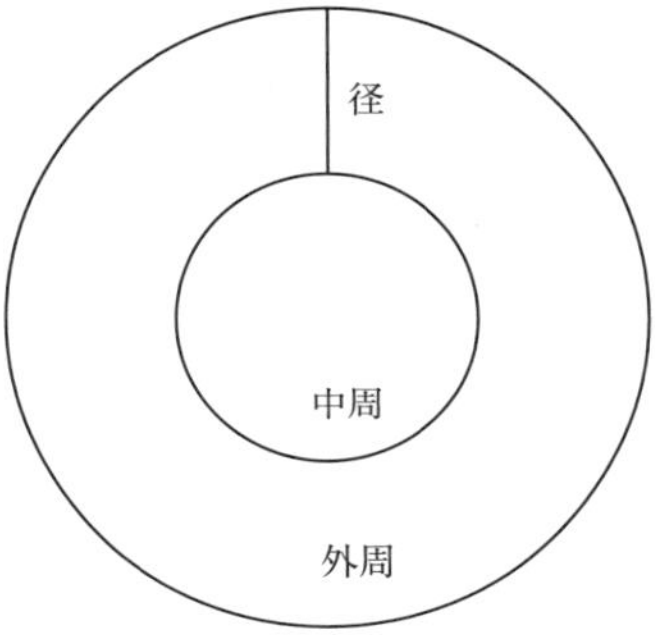

答えは、二畝五十五歩（平方歩）である。

術（環田術）すなわち計算法は、中周と外周を加え合わせ、これを半分にして、それに径を掛けて積歩（面積の平方歩数）を得る。

【38】又、環田が有る。中周六十二歩と四分の三歩、外周一一三歩と二分の一歩、径は十二歩と三分の二歩である。問う、田の面積はいくらか。

答えは、四畝一五六歩（平方歩）と四分の一歩（平方歩）である。

術すなわち計算法は、中周と外周の歩数の整数部分を計算盤の上部に、分数部分を下に置く。分母同士をたがいに掛け合わせ、また分母をたがいに分子に掛ける（つまり帯分数を仮分数にする）。そして中周と外周を加え合わせ半分にする。次に径も通分（帯分数を仮分数に）して、その分子に周（中周と外周の平均の分子）を掛けて実とし、分母同士を掛けて法とする。これを除（実を法で割る）すると、積歩（面積の平方歩数）となる。余りは約分する。また畝法で割ると、すなわち畝数が求められる。

解説――今日の数式化された代数的思考と違い、計算法を文字で示した算術感覚は、文意が理解しにくい。だが、要するに外円と

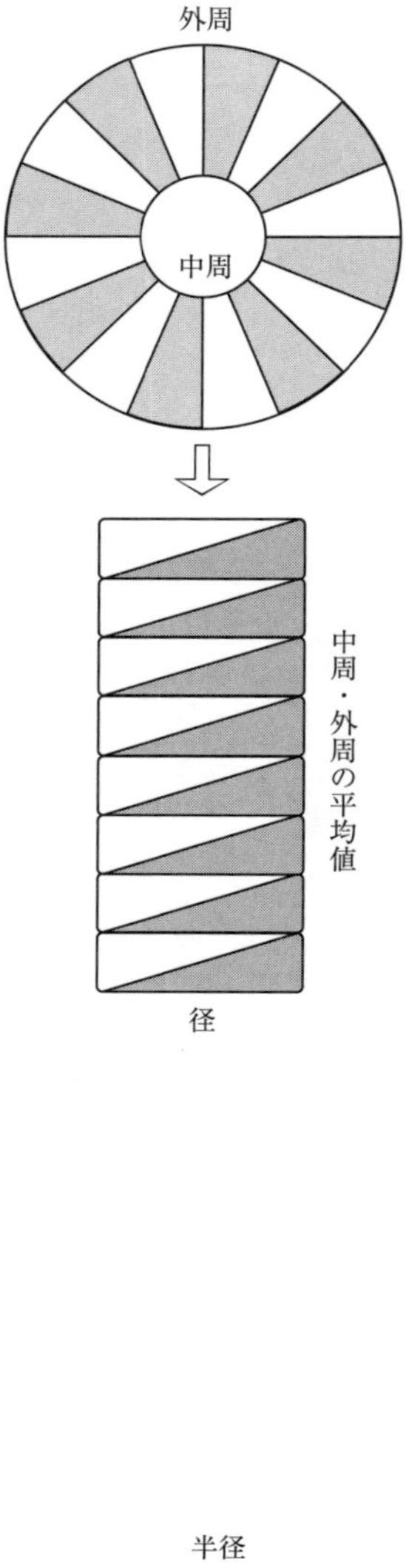

内円の面積の差を、代数的にではなく、直観的な算術的発想から解くのである。【37】を劉徽は、径五歩とは**周三径一**の**円周率**であって精密な計算ではないと説明する。また【38】の数値を検討して、切れ目のある環田としている。もし切れ目のない環田なら、径の数値を修正せねばならないと説明する。結局、これらの計算法は、前頁の図のように、ドーナツ形を長方形に据え直して、その面積を得る発想なのである。

円周がわかれば円周率を利用して半径を算出できるが、外円の半径をRに、内円の半径をrに、環田の面積をSとすると、$S = \pi R^2 - \pi r^2$ である。『九章算術』の計算手順では

$S = \left(\frac{外周+中周}{2}\right) \times 径$ として解いている。これを整理すると、次の関係となる。

$$S = \left(\frac{2\pi R + 2\pi r}{2}\right) \times (R - r) = \pi R^2 - \pi r^2$$

欽定四庫全書

九章算術巻二

晋　劉　徽　注

唐　李淳風註釈

粟米以御交質変易

粟米《ぞくべい》——これによって交質変易（物流交易）を御《おさ》める。

解説——粟米章第二は、当時の主食である粟《あわ》を中心とした穀物交換の比例問題の計算術である。まず基幹穀物である粟の**率**《りつ》（基準比率）を五十とした場合の、各種穀物とその加工品とのあいだの交換率が設定されている。これらの数値は、紀元前後における華北（北部中国）地方での社会経済史的資料としても興味深く、古代数学の実用算術的な性格を示している。

粟《ぞく》（未脱穀の粟《あわ》）率　五十

糲米《れつべい》（未精白の粟）　三十

粺米《はい》（半精白の粟）	二十七
糳米《さく》（精白の粟）	二十四
御米《ぎょ》（供御の上等粟）	二十一
小麱《てき》（細かい小麦粉）	十三半
大麱（粗い小麦粉）	五十四
糲飯（糲米めし）	七十五
粺飯（粺米めし）	五十四
糳飯（糳米めし）	四十八
御飯（御米めし）	四十二
菽《しゅく》（大きな豆）	四十五
荅《とう》（小さな豆）	四十五
麻《ま》（胡麻《ごま》）	四十五
麦《ばく》（むぎ）	四十五
稲《とう》（いね）	六十
鼓《し》（ミソ）	六十三
飧《そん》（おかゆ）	九十
熟菽《じゅくしゅく》（煮た豆）	百三半

糵《げつ》（もやし）　百七十五

今有術《こんゆうじゅつ》という計算法が有る。（それは粟米などの交換比率の計算術であるが）所有数（有る所の数）を所求率（求める所の率）に掛けて実（被除数）とする。また所有率（有る所の率）を法（除数）とする。そして実を法で割るのである。

解説——**劉徽**は、**今有術**の性格を、既知の数（今有る数）から未知数を算出する比例計算法と説明している。つまり所有数（今有る物質の数量）をaとし、所求数（交換したい物質の数量）を算出したい場合、これを未知数xとする。この未知数が所求数で、それとセットになるのが所有数（既知数）。比率的に所求数と対応するのが所求率で、所有数と対応するのが所有率である（所有数：所求数＝所有率：所有率）。両者の比率関係は、所有率（今有る物質の交換比率）をcに、所求率（求める物質の交換比率）をdとすると、次のようになる。

$$a : x = c : d$$

$$\therefore x = \frac{a \cdot d}{c} = \frac{\text{実(所有数×所求率)}}{\text{法(所有率)}}$$

【1】今、一斗《と》（一斗＝十升）の粟《ぞく》が有る。これを糲《れつ》米にしたい。問う、いくらかを得るか。

答えは、糲米六升（50：30＝1：x）である。

術すなわち計算法は、粟から糲米を求める（簡易計算術）手順として、三を掛け、五で割るのである。

【2】今、二斗一升の粟が有る。これを粺米《はい》にしたい。問う、いくらを得るか。

答えは、粺米一斗一升と五十分の十七升である。

術すなわち計算法は、粟から粺米を求める手順として、二十七（粺米率）を掛け、五十（粟率）で割るのである。

【3】今、四斗五升の粟が有る。これを糳米《さく》にしたい。問う、いくらを得るか。

答えは、糳米二斗一升と五分の三升である。

術すなわち計算法は、粟から糳米を求める手順として、十二を掛けて、二十五で割るのである。

【4】今、七斗九升の粟が有る。これを御米《ぎょ》にしたい。問う、いくらを得るか。

答えは、御米三斗三升と五十分の九升である。

術すなわち計算法は、粟から御米を求める手順として、二十一を掛けて、五十で割るのである。

【5】今、一斗の粟が有る。これを小𪍿《てき》にしたい。問う、いくらを得るか。

答えは、小𪍿二升と十分の七升である。

術すなわち計算法は、粟から小𪍿を求める手順として、二十七を掛け、百で割るのである。

【6】今、粟が九斗八升有る。これを大𪍿にしたい。問う、いくらを得るか。

答えは、大麴十斗五升と二十五分の二十一升である。

術すなわち計算法は、粟から大麴を求める手順として、二十七を掛け、二十五で割るのである。

【7】今、二斗三升の粟が有る。これを糲《れつ》飯にしたい。問う、いくらを得るか。　答えは、糲飯三斗四升半である。

術すなわち計算法は、粟から糲飯を求める手順として、三を掛け、二で割るのである。

【8】今、三斗六升の粟が有る。これを粺《はい》飯にしたい。問う、いくらを得るか。

答えは、粺飯三斗八升と二十五分の二十二升である。

術すなわち計算法は、粟から粺飯を求める手順として、二十七を掛け、二十五で割るのである。

【9】今、八斗六升の粟が有る。これを糳《さく》飯にしたい。問う、いくらを得るか。

答えは、八斗二升と二十五分の十四升である。

術すなわち計算法は、粟から糳飯を求める手順として、二十四を掛け二十五で割るのである。

【10】今、九斗八升の粟が有る。これを御《ぎょ》飯にしたい。問う、いくらを得るか。

答えは、御飯八斗二升と二十五分の八升である。

術すなわち計算法は、粟から御飯を求める手順として、二十一を掛け、二十五で割るのである。

【11】今、三斗三分の一（少半）升の粟が有る。これを菽《しゅく》にしたい。問う、いくらを得るか。

答えは、菽二斗七升と十分の三升である。

【12】今、四斗一升と三分の二（太半）升の粟が有る。これを荅《とう》にしたい。問う、いくらを得る

か。

答えは、荅三斗七升半である。

【13】今、五斗三分の二（太半）升の粟が有る。これを麻《ま》にしたい。問う、いくらを得るか。

答えは、麻四斗五升と五分の三升である。

【14】今、十斗八升と五分の二升の粟が有る。これを麦《ばく》にしたい。問う、いくらを得るか。

答えは、麦九斗七升と二十五分の十四升である。

術すなわち（これらは四題の）計算法は、粟から菽、荅、麻、麦を求める手順として、皆、同様に、九を掛け、十で割るのである。

【15】今、七斗五升と七分の四升の粟が有る。これを稲《とう》にしたい。問う、いくらを得るか。

答えは、稲九斗と三十五分の二十四升である。

術すなわち計算法は、粟から稲を求める手順として、六を掛け、五で割るのである。

【16】今、七斗八升の粟が有る。これを豉《し》にしたい。問う、いくらを得るか。

答えは、豉九斗八升と二十五分の七升である。

術すなわち計算法は、粟から豉を求める手順として、六十三を掛け、五十で割るのである。

【17】今、五斗五升の粟が有る。これを飧《そん》にしたい。問う、いくらを得るか。

答えは、飧九斗九升である。

術すなわち計算法は、粟から飧を求める手順として、九を掛け、五で割るのである。

【18】今、四斗の粟が有る。これを熟菽《じゅくしゅく》にしたい。問う、いくらを得るか。

答えは、熟菽八斗二升と五分の四升である。

術すなわち計算法は、粟から熟菽を求める手順として、二〇七を掛け、百で割るのである。

【19】今、二斗の粟が有る。これを糵《げつ》にしたい。問う、いくらを得るか。

答えは、糵七斗である。

術すなわち計算法は、粟から糵を求める手順として、七を掛け、二で割るのである。

解説――以上の十九題は、当時の基幹穀物である粟《ぞく》を、各種の物質に等価交換する基本類型的例題である。同種の問題をまとめて並べることによって、算学生徒への演習問題としての教育効果とともに、実務に即した基本的算術パターンとして、丸暗記させることも目的としているようである。

【20】今、十五斗五升と五分の二升の糲米《れつ》が有る。これを粟《ぞく》にしたい。問う、いくらを得るか。

答えは、粟二十五斗九升である。

術すなわち計算法は、糲米から粟を求める手順として、五を掛け、三で割るのである。

【21】今、二斗の粺米《はい》が有る。これを粟にしたい。問う、いくらを得るか。

答えは、粟三斗七升と二十七分の一升である。

術すなわち計算法は、粺米から粟を求める手順として、五十を掛け、二十七で割るのである。

【22】今、三斗三分の一升の糳《さく》米が有る。これを粟にしたい。問う、いくらを得るか。

答えは、粟六斗（誤字修正）三升と三十六分の七升である。

術すなわち計算法は、糳米から粟を求める手順として、二十五を掛け、十二で割るのである。

【23】今、十四斗の御《ぎょ》米が有る。これを粟にしたい。問う、いくらを得るか。

答えは、粟三十三斗三升と三分の一（少半）升である。

術すなわち計算法は、御米から粟を求める手順として、五十を掛け、二十一で割るのである。

【24】今、十二斗六升と十五分の十四升の稲《とう》が有る。これを粟にしたい。問う、いくらを得るか。

答えは、粟十斗五升と九分の七升である。

術すなわち計算法は、稲から粟を求める手順として、五を掛け、六で割るのである。

解説——以上の五題は、前の十九題とは逆に、各種の物質を粟に変換し直す類型的例題である。

【25】今、十九斗二升と七分の一升の糲《れつ》米が有る。これを粺《はい》米にしたい。問う、いくらを得るか。

答えは、粺米十七斗二升と十四分の十三升である。

術すなわち計算法は、糲米から粺米粟を求める手順として、九を掛け、十で割るのである。

【26】今、六斗四升と五分の三升の糲《れつ》米が有る。これを糲飯にしたい。問う、いくらを得るか。

答えは、糲飯十六斗一升半分である。

術すなわち計算法は、糲米から糲飯を求める手順として、五を掛け、二で割るのである。

【27】今、七斗六升と七分の四升の糲飯が有る。これを飧《そん》にしたい。問う、いくらを得るか。

答えは、飧九斗一升と三十五分の三十一升である。

術すなわち計算法は、糲飯から飧を求める手順として、六を掛け、五で割るのである。

【28】今、一斗の菽《しゅく》が有る。これを熟菽にしたい。問う、いくらを得るか。

答えは、熟菽二斗三升である。

術すなわち計算法は、菽から熟菽を求める手順として、二十三を掛け、十で割るのである。

【29】今、二斗の菽が有る。これを豉《し》にしたい。問う、いくらを得るか。

答えは、豉二斗八升である。

術すなわち計算法は、菽から豉を求める手順として、七を掛け、五で割るのである。

【30】今、八斗六升と七分の三升の麦《ばく》が有る。これを小䵂《てき》にしたい。問う、いくらを得るか。

答えは、小䵂二斗五升と十四分の十三升である。

術すなわち計算法は、麦から小䵂を求める手順として、三を掛け、十で割るのである。

【31】今、一斗の麦が有る。これを大䵂にしたい。問う、いくらを得るか。

答えは、大䵂一斗二升である。

術すなわち計算法は、麦から大䵂を求める手順として、六を掛け、五で割るのである。

解説――以上の七題は、粟を含まない応用的な例題であって、ここまでで物物交換的な比例類題は終わる。以下は、粟ではなく金銭を基準とする類題に移る。

【32】今、百六十銭を出して、瓴甓《れきへき》（焼成煉瓦）十八枚を買う。問う、一枚の単価はいくらか。
答えは、一枚あたり八銭と九分の八銭である。

【33】今、一万三千五百銭を出して、竹二千三百五十本を買う。問う、一本の単価はいくらか。
答えは、一本あたり五銭と四十七分の三十五銭である。

経率術という計算法は、買った数量（所買率）を法（除数）とし、出した銭数を実（被除数）とする。そして実を法で割るのである。

解説――この計算も未知数を求める比例計算である**今有術**の一種として扱われる。経率とは一個あたりの比率的コストを意味する。つまり売買における単価計算の類題なのである。

【34】今、五千七百八十五銭を出して、漆《うるし》一斛《こく》六斗七升と三分の二（太半）升を買う。一斗あたりの単価（斗率）を知りたいが、問う、一斗いくらか。
答えは、一斗が三百四十五銭と五百三分の十五銭である。

【35】今、七百二十銭を出して、縑《けん》（高級絹）一匹《ぴき》二丈《じょう》一尺を買う（一匹＝四丈、一丈＝十尺）。一丈あたりの単価（丈率）を知りたいが、問う、一丈いくらか。

答えは、一丈が百十八銭と六十一分の二銭である。

【36】今、二千三百七十銭を出して、布九匹二丈七尺を買う。一匹あたりの単価（匹率）を知りたいが、問う、一匹いくらか。

答えは、一匹が二百四十四銭と百二十九分の百二十四銭である。

【37】今、一万三千六百七十銭を出して、糸一石《せき》二鈞《きん》十七斤を買う（一石＝四鈞、一鈞＝三十斤）。一石あたりの単価（石率）を知りたいが、問う、一石いくらか。

答えは、一石が八千三百二十六銭と百九十七分の百七十八銭である。

術すなわち計算法は、求める所の率（一つあたりの単価を求める、つまり係数は一）を出した銭数に掛けて（この場合は一を掛ける）実とする。買った数量を法とする。そして実（被除数）を法（除数）で割る。

解説——以上の四題の方法は、前の**経率術**と同じであるが、単位あたりのコスト計算を、より複雑な度量衡計算を複合させて提出している。

【38】今、五百七十六銭を出して、大小二種類の竹を合計七十八本を買う。其のそれぞれの単価

（其大小率）を知りたいが、問う、いくらずつか。
答えは、其の小竹四十八本は一本七銭、
其の大竹三十本は一本八銭である。
【39】今、千百二十銭を出して、上質下質二種類の糸を合計一石二鈞十八斤買う（一石＝四鈞、一鈞＝三十斤、一斤＝十六両、両＝二十四銖）。其のそれぞれの一斤あたりの単価（其貴賤斤率）を知りたいが、問う、いくらずつか。
答えは、其の下質糸二鈞八斤は一斤五銭、
其の上質糸一石十斤は一斤六銭である。
【40】今、一万三千九百七十銭を出して、上質下質二種類の糸を合計一石二鈞二十八斤三両五銖買う。其のそれぞれの一石あたりの単価（其貴賤石率）を知りたいが、問う、いくらずつか。
答えは、其の下質糸一鈞九両十二銖は一石あたり八千五十一銭、
其の上質糸一石一鈞二十七斤九両十七銖は一石あたり八千五十二銭である。
【41】今、一万三千九百七十銭を出して、上質下質二種類の糸を合計一石二鈞二十八斤三両五銖買う。其のそれぞれの一鈞あたりの単価（其貴賤鈞率）を知りたいが、問う、いくらずつか。
答えは、其の下質糸七斤十両九銖は一鈞あたり二千十二銭、
其の上質糸一石二鈞二十斤八両二十銖は一鈞あたり二千十三銭である。
【42】今、一万三千九百七十銭を出して、上質下質二種類の糸を合計一石二鈞二十八斤三両五銖

買う。其のそれぞれの一斤あたりの単価（其貴賎斤率）を知りたいが、問う、いくらずつか。

答えは、其の下質糸一石二鈞七斤十両四銖は一斤あたり六十七銭、

其の上質糸二十斤九両一銖は一斤あたり六十八銭である。

【43】今、一万三千九百七十銭を出して、上質下質二種類の糸を合計一石二鈞二十八斤三両五銖買う。其のそれぞれの一両あたりの単価（其貴賤両率）を知りたいが、問う、いくらずつか。

答えは、其の下質糸一石一鈞十七斤十四両一銖は一両あたり四銭、

其の上質糸一鈞十斤五両四銖は一両あたり五銭である。

其率術《きりつじゅつ》という計算法は、買ったものの数値の特定の度量衡の単位、石、鈞、斤、両、銖などのどれかに（基準を）置いて、（その単位に数値全体を再換算して）法とする。そして、その率（基準単位）に銭数（単価）となる（これは支出全額に等しい）。従って、その実を法で割る（安いほうの単価が出る）。しかし（二種類を同時に買うのであるから）割り切れず、余りがでる。（算術学習の慣習上この場合の差は一銭であるから）この余りは高いほうの数量である。それを法から引くと安いほうの数量が出る。

解説――**劉徽註**では【38】を五百七十六銭（銭数を実）、竹七十八本（竹数を法）として、商七（銭）、余り三十（銭）を得ている。すると七十八本中で、三十本の竹が一銭ずつ高くてもよい計算となると説明している。

解説――【40】から【43】までの四題は同一状況で、その特定の度量衡の単位において、二種類の糸の間の一銭の単価の差を、算術の演習慣習として、設定して設問している。この前提を知らないと解きにくいが、しかし凝った問題である。

【44】今、一万三千九百七十銭を出して、上質下質二種類の糸を合計一石二鈞二十八斤三両五銖買う。其のそれぞれの一銖あたりの単価（其貴賎銖率）を知りたいが、問う、（最小単位のため一銭あたりの量の形では）いくらずつか。

答えは、其の上質糸一鈞二十斤六両十一銖は五銖が一銭、

　其の下質糸一石一鈞七斤十二両十八銖は六銖が一銭である。

【45】今、六百二十銭を出して、上質下質二種類の矢羽を合計二千百本買う。其のそれぞれの値段差の比率（其貴賎率）を知りたいが、問う、（一銭あたり）いくらずつか。

答えは、其の上質矢羽千百四十本は三本が一銭、

　其の下質矢羽九百六十本は四本が一銭である。

【46】今、九百八十銭を出して、上質下質二種類の矢幹《やがら》を合計五千八百二十本買う。其のそれぞれの値段差の比率（其貴貴賎率）を知りたいが、問う、（一銭あたり）いくらずつか。

答えは、其の上質矢羽三百本は五本が一銭、

　其の下質矢羽五千五百二十本は六本が一銭である。

反其率術という計算法は、（一銭あたりの比率を求めるのであるから）出した銭数を法（除数）として、比率（コスト）を求める数量を実（被除数）とする。そして実を法で割る。その商が一銭あたりの高いほうの個数であるが（従って算術慣習上、安いほうは一銭あたり一個多いが）、法から余りを引く。するとそれは安いほうの銭数となる。（すると全銭数が）二つに分けられ、そのそれぞれの銭数に一銭あたりの個数を掛ければ、物の数が算出できる。

解説――【45】を例にとれば、二千百本を六百二十銭で割ると、商は三、余りは二四〇。この商は高いほうの一銭あたりの本数であり、余りは安いほうの（一銭あたり四本）の銭数である。

解説――**其率術**が一個に対する銭の比率（其率）を求める計算法であるのに対して、**反其率術**は、一銭に対する個数の比率（反其率）を求める方法である。このように公理や体系を示さず、実務に必要な演算術を現象学的に分類して、それぞれの演算プロセスを個別技法として提出するのが『九章算術』の特徴である。それらは**其率術**あるいは**反其率術**などとして、個別に丸暗記され、それぞれが独立した演算テクニック、文字方程式的な感覚で把握・活用されるわけである。

欽定四庫全書

九章算術巻三

晋　劉　徽　注

唐　李淳風註釈

衰分以御貴賤稟税

衰分《しぶん》——これによって貴賤によって等級差のある俸禄と租税を御《おさ》める。

解説——衰分章第三は、分配をテーマとして、複数項問における按分比例の数値を算出する計算術の集成である。

術（衰分術）すなわち計算法は、まずそれぞれの**列衰**《れつし》（等級別の比率）を置く。そして別にその値を加え合わせて法（除数）として置く。分配するもの（総量）を、加え合わす前の数値（列衰）に掛けて、それぞれの実（被除数）とする。実を法で割る。法に足りない部分（余り）は、法を分母とする。

解説――『九章算術』の説明は、計算盤の上での算木を用いた演算プロセスの形でなされている。この**衰分術**について**劉徽**は、粟米章第二の**今有術**、つまり既知数から未知数を算出する比例計算法のヴァリエーションとして解説している。また方田章第一の**経分術**の方法でも説明している。すなわち甲家三人、乙家二人、丙家一人で十二を分けるとすれば、**経分術**で一人の分配を求めれば一人あたり二である。それを家ごとの分配数の比率（列衰）に掛ける。甲六、乙四、丙二を得る。ところが**衰分術**では、まず列衰の合計六（法）で、総量の十二に甲家の列衰の三を掛けた甲家の実（三十六）を割って、甲家の分配数六を得ると説明する。

【1】今、身分の違う五人の役人、大夫《たいふ》（列衰《れつし》五）、不更《ふこう》（四）、簪裹《しんじょう》（三）、上造（二）、公士（一）が有《い》る。共に猟をして五頭の鹿を得た。身分差に応じて比例分配したいが、問う、各自がいくらの配当を得るか。

答えは、大夫は鹿一頭と三分の二を得る、
　不更は鹿一頭と三分の一を得る、
　簪裹は鹿一頭を得る、
　上造は鹿三分の二を得る、
　公士は鹿三分の一を得る。

術すなわち計算法は、まず（計算盤上に）身分比率（五、四、三、二、一）を置いて各自の列衰とする。別に、それらを加え合わせて法とする。加え合わせる前の（各自の列衰の）数値と鹿五頭を掛け、それを各自の実とする。実を法で割るのである。

【2】今、牛・馬・羊が有って、他人の苗を食べた。苗主は粟五斗の弁償を求めた。羊の飼主は「私の羊は馬の半分しか食べない」と言う。馬の飼い主は「私の馬は牛の半分しか食べない」と言う。今、その比例に応じて弁償したいのだが、問う、各自がいくら支出すべきか。

答えは、牛の飼主は二斗八升七分の四を出す、
　　馬の飼主は一斗四升七分の二を出す、
　　羊の飼主は七升七分の一を出す。

術すなわち計算法は、まず（計算盤上に）牛四、馬二、羊一を置いて各自の列衰とする。別に、それらを加え合わせて法とする。加え合わす前の（各自の列衰の）数値と五斗を掛け、それを各自の実とする。実を法で割るのである。

【3】今、甲は五百六十銭、乙は三百五十銭、丙は百八十銭を持って有る。三人で倶《とも》に関所を通り、凡《すべ》てで税は百銭である。それを所持銭の多少の比率に応じて分担したいが、問う、各自がいくら支出すべきか。

答えは、甲は五十一銭と百九分の四十一銭を出す、
　　乙は三十二銭と百九分の十二銭を出す、

丙は十六銭と百九分の五十六銭を出す。

術すなわち計算法は、まず、所持銭数を置いて各自の列衰とする。別に、それらを加え合わせて法とする。加え合わせる前の（各自の列衰の）数値と百銭を掛け、それを確度の実とする。実を法で割るのである。

【4】今、善《よ》く機《はた》を織る女子が有《い》る。日ごとに前の日の二倍ずつ織って、五日で五尺の布を織り上げた。問う、日ごとにそれぞれいくらずつ織ったか。

答えは、初日は一寸と三十一分の十九寸を織る、

二日目は三寸と三十一分の七寸を織る、

三日目は六寸と三十一分の十四寸を織る、

四日目は一尺二寸と三十一分の二十八寸を織る、

五日目は二尺五寸と三十一分の二十五寸を織る。

術すなわち計算法は、まず、一、二、四、八、十六（日毎に倍）を置いて各自の列衰とする。別に、それらを加え合わせて法とする。加え合わせる前の（各自の列衰の）数値と五尺（五十寸）を掛け、それを各自の実とする。実を法で割るのである。

【5】今、北郷の税役義務者の人口は八千七百五十八、西郷の人口は七千二百三十六、南郷の人口は八千三百五十六で有る。この三郷から凡《すべ》てで三百七十八の労働者を徴発したい。それを各郷の人口の多少の比率に応じて行ないたいが、問う、各郷は何人ずつを派遣すべきか。

答えは、北郷は百三十五人と一万二千百七十五分の一万一千六百三十七人を派遣する、
西郷は百十二人と一万二千百七十五分の四千四人を派遣する、
南郷は百二十九人と一万二千百七十五分の八千七百九人を派遣する。

術すなわち計算法は、まず、各郷の納税者人口を（計算盤上に）置いて**列衰**とする。別に、それらを加え合わせて（置いて）法とする。加え合わす前の（計算盤上に置いてある各自の列衰）数値と徴発予定人数を掛け、それを各郷の実とする。実を法で割るのである。

【6】今、俸給米（粟）を支給した。大夫、不更、簪裹、上造、公士の五人（列衰、五、四、三、二、一）凡《すべ》てで十五斗である。ところが今、後《おく》れてさらに大夫一人が来たが、倉にはもう支給する粟《ぞく》は無い。そこで既に支給を受けた五人から、その比率に応じて返還させ、後《おく》れて来た大夫にも比率的に公平に支給（再配分）したいのだが、問う、五人にいくらずつ返還さすべきか。

答えは、大夫は一斗と四分の一斗を出す、
不更は一斗を出す、
簪裹は四分の三斗を出す、
上造は四分の二斗を出す、
公士は四分の一斗を出す。

術すなわち計算法は、この問題においては各階段の俸給の支給比率（合計十五）と支給する総量（十五斗）が一致しているから、その各自の支給比率（支給斗数）を（計算盤上に）置いて**列衰**《れつし》

（等級別の比率）とする。別に、それらを加え合わせ（十五）、さらに後《おく》れて来た大夫の被支給権利である五斗を加えて二十を得る。これを法（除数）とする。加え合わす前の（各自の列衰の）数値と五斗を掛け、各自の実（被除数）とする。実を法で割るのである。

解説――**劉徽**は、後来の大夫の五斗を加えるのは、この問題が結局は、総量二十で六人で五斗を出すのと同じことだと説明する。そう操作することによって、後来の大夫の支給量も、公平に減損できると解説する。

【7】 今、俸給米（粟）が五斛《こく》（一斛＝十斗＝百升）有る。これを五人で分配して、三人には各三、二人には各二の比率になるようにしたいが、問う、それぞれいくらか。

答えは、三人は一斛一斗五升と十三分の五升を得る、

　　二人は七斗六升と十三分の十二升を得る。

術すなわち計算法は、三人は各三、二人は各二の比率であって、これを（計算盤上に）置いて列衰とする。別に、これらを加え合わせて（合計十三）法とする。加え合わせる前の（各自の列衰の）数値と五斛を掛けて、各自の実とする。実を法で割るのである。

解説――以上の七題は、按分比例計算法である**衰分術**の、正比例分配の類題である。演算プロ

セスは、算木と計算盤の使用を前提としているのであって、当時なりに最も効率的な手順で
あったと思われる。

【8】今、大夫、不更、簪裹、上造、公士が有《い》る。五人で共同して凡《すべ》てで百銭を出したい。ところが身分の等級比率に応じて、逆に身分の高いものほど少なく出し、身分の低いものほど多く出すようにしたいが、問う、各自がいくらずつ出せばよいか。

答えは、大夫は八銭と百三十七分の百四銭を出す、

不更は十銭と百三十七分の百三十銭を出す、

簪裹は十四銭と百三十七分の八十二銭を出す、

上造は二十一銭と百三十七分の百二十三銭を出す、

公士は四十三銭と百三十七分の百九銭を出す。

反衰術という計算法は、（計算盤上に）それぞれの**衰**《し》（等級別の比率）を列《なら》べて置く。その数値を（計算盤上で）すべて掛け合わせる（百二十）。更に個別の倍数として、各自のものは動かさず、残りのものをすべて掛け合わせる（大夫の場合は五を動かさず、四、三、二、一を掛け二十四、不更は三十、以下四十、六十、一二〇）。つまり相乗数（分母・百二十）に対するそれらの数値（分子）が、**衰**《し》を反《かえ》した**反衰**《はんし》（等級別反比例の比率）である（**列衰**5、4、3、2、1の**逆数**$\frac{1}{5}$、$\frac{1}{4}$、$\frac{1}{3}$、$\frac{1}{2}$、1）。別に、これらを加え合わせて法とする。加え合わす前の（各自の反衰の）数値と

百銭を掛けて、各自の実とする。実を法で割るのである。

【9】今、甲は粟《ぞく》三升を持ち、乙は糲《れつ》米三升を持ち、丙は糲飯三升を持って有《い》る。これを混合して、粟米《ぞくべい》の価値の比率に応じて再分配したいが、問う、それぞれいくらずつか。

答えは、甲は二升と十分の七升、
乙は四升と十分の五升、
丙は一升と十分の八升。

術すなわち計算法は、粟の率（交換率）は五十、糲米の率は三十、糲飯の率は七十五であるから、この**列衰**をまず**反衰**に組み直す。別に、これらを加え合わせて法とする。加え合わす前の（各自の反衰）の数値と九升を掛け、各自の実とする。実を法で割るのである。

解説——以上の二題は、比例分配である**衰分術**の反対となる反比例分配の、**反衰術**の類題である。比例計算を反比例計算にするため、**衰**《し》の分母と分子を反《かえ》して**逆数の反衰**《はんし》を作り計算するのだが、まずすべての衰を掛け合わせる、つまり反衰の共通分母作りから始めるのである。

解説——【1】から【9】までは衰分章第三のテーマである按分比例の問題であるが、【10】以下の問題は、粟米章第二よりの錯入と考えられており、**劉徽**も以下の解説を**今有術**によって行なっている。

【10】今、一斤（一斤＝十六両、一両＝二十四銖）あたりの糸の単価は二百四十銭で有る。また今、千三百二十八銭が有る。問う、いくらの糸を得るか。

答えは、五斤八両十二銖と五分の四銖である。

術すなわち計算法は、一斤の単価を法とする。一斤を所持金（今有銭数）に掛けて、実とする。実を法で割れば求める糸の斤数を得る。

【11】今、一斤あたりの糸の単価は三百四十五銭である。また今、糸が七両十二銖有る。問う、いくらの銭を得るか。

答えは、百六十一銭と三十二分の二十三銭である。

術すなわち計算法は、一斤を銖数（一斤＝二十四銖）に換算して法とする。一斤の単価を七両十二銖に掛けて、実とする。実を法で割れば求める銭数を得る。

【12】今、一丈（一匹＝四丈、一丈＝十尺）あたりの縑《けん》（絹）の単価は百二十八銭で有る。また今、絹が一匹九尺五寸有る。問う、いくらの銭を得るか。

答えは、六百三十三銭と五分の三銭である。

術すなわち計算法は、一丈を寸数（一丈＝一〇〇寸）に換算して法とする。一丈の単価を今有る絹の寸数に掛けて、実とする。実を法で割る（100寸：1匹9尺5寸＝128銭：x、1匹9尺5寸×128銭÷100寸＝x）のである。

【13】今、一匹（四丈）あたりの布の単価は百二十五銭で有る。また今、布が二丈七尺有る。問う、いくらの銭を得るか。

答えは、八十四銭と八分の三銭である。

術すなわち計算法は、一匹を尺数（四十尺）に換算して法（除数）とする。今有る布の尺数に布の単価を掛けて、実（被除数）とする。実を法で割れば（40 : 27 = 125 : x）、求める銭数を得る。

【14】今、一匹一丈あたりの素《そ》（白絹）の単価は六百二十五銭で有る。また今、五百銭が有る。問う、いくらの素を得るか。

答えは、素一匹を得る
術すなわち計算法は、一匹一丈の値段を法とする。一匹一丈を尺数（五十尺）に換算して、それに今有る銭数を掛けて、実とする。実を法で割れば求める素《そ》の尺数を得る。

【15】今、人に糸十四斤を与《あた》えて上質絹十斤と交換する契約条件が有る。だが今、人に糸四十五斤八両を与えた。問う、いくらの上質絹を得るか。

答えは、三十二斤八両である。

術すなわち計算法は、十四斤を両に換算（一斤＝十六両）して法とする。十斤に今有る糸の両数（四十五斤八両＝七二八両）を掛けて、実とする。実を法で割れば、求める上質絹の斤数を得る。

【16】今、糸一斤あたり七両の損耗《めべり》が有る。また今、糸二十三斤五両が有る。問う、いくら損耗するか。

答えは、百六十三両四銖半である。

術すなわち計算法は、一斤を十六両に展《てん》じて（換算して）法とする。七両を今有る糸数に掛けて、実とする。実を法で割れば、求める損耗の数を得る。

【17】今、生糸三十斤を乾燥すると三斤十二両の重量減が有る。また今、乾燥済みの糸十二斤が有る。問う、これは生糸いくらに相当するか。

答えは、十三斤十一両十銖と七分の二銖である。

術すなわち計算法は、まず（計算盤上に）、生糸を両数に換算したものを置き、それより乾燥による重量減の数を引いて、余り（四二〇両）を法とする。三十斤を今有る乾燥済みの両数（十二斤＝一九二両）に掛けて、実とする。実を法で割れば、相当する生糸の数を得る。

【18】今、一畝《せ》（一頃＝百畝、一畝＝二百四十平方歩）の田あたり粟六升三分の二（原本表現の太半は三分の二の意味）の収穫が有る。また今、一頃《けい》二十六畝百五十九歩（平方歩）の田が有る。問う、いくらの収穫になるか。

答えは、八斛四斗四升と十二分の五升である。

術すなわち計算法は、一畝つまり二四〇歩（平方歩）を法とする。六升三分の二に今有る田の面積（三万三九九平方歩）を掛けて、実とする。実を法で割れば、求める収穫の粟《ぞく》数を得る。

【19】今、雇人の一年の賃金は二千五百銭である。また今、まず先払いとして千二百銭を払った。問う、これは何日の労働日数分に相当するか。

答えは、百六十九日と二十五分の二十三日である。

術すなわち計算法は、一年の基準賃金を法とする。一年、つまり三五四日（古制の太陰太陽暦）に先支払いの銭数を掛けて、実とする。実を法で割れば、求める日数を得る。

【20】今、人に千銭を貸す利息は月三十銭で有る。また今、人に七百五十銭を貸して、九日で返済が有った。問う、その利息はいくらか。

答えは、六銭と四分の三銭である。

術すなわち計算法は、一ケ月、つまり三十日に千銭を掛けて法とする。月三十銭（利率）を貸した金額に掛けて、さらにその数値に九日を掛けて、これを実とする。実を法で割るのである。

欽定四庫全書

九章算術巻四

晋　劉　徽　注

唐　李淳風註釈

少広以御積冪方円

少広《しょうこう》——これによって四角形や円の面積や、立方体や球の体積を御《おさ》める。

解説——方田章第一においては、長さが与えられてから面積を算出する計算法であった。この少《しょう》広《こう》章《しょう》第四においては、逆に、面積や体積の数値を与えられて、辺の長さを求める問題が多い。第一問から第十一問までは方田章の逆計算であり、第十二問から第十六問は開平方の問題、第十七問から最終問までは開立方で解く問題である。

術（少広術）すなわち（問一より問十一までの問題スタイルの）計算法は、まず（分数の加法計算における共通分母の求め方として）整数部分と分数部分を（計算盤上に縦に）置く。最後の分母（つまり最も数の大きい分母）を、すべての分子および整数部分に掛ける。掛けた分母は左に置く。こうして出来た新しい各分数とも、各分母で各分子を割ってみる（余りがなければ約分して整数化）。割り切れずに分数が残れば、ふたたび残った最後の分母を、すべての分子および整数に掛ける。掛けた分母は、やはり左に置く。これを繰り返して、すべての分数を（計算盤上で）整数化したら、それを加え合わせて法（除数）とする。田一畝の平方歩数を置き、左に別に置いた分母（掛けた分母）の積をこれに掛けて、実とする。実を法で割り、（問一より問十一における）縦の歩数を得るのである。

解説——問題のスタイルは面積が一畝《せ》（二四〇歩）の田において、縦が横の一方の長さを変化させて、もう一方がどう変化するかを算出する計算法であって、エジプトやギリシャにおいても行なわれたとされるから、農地の分割等の実用上の目的があったのだろう。

解説——分数の加法計算において、多くの分母がある場合には共通分母の算出は、すべての分母を掛け合わせては、数が大きくなり過ぎて、繁雑で計算がしにくくなる。そこで計算盤を用いての省力的な手順として開発されたのが、この方法である。たとえば【6】を例にすると、次のようなやり方である。

$1,\ \frac{1}{2},\ \frac{1}{3},\ \frac{1}{4},\ \frac{1}{5},\ \frac{1}{6},\ \frac{1}{7}$

を通分するのに、まず最も大きい分母である最後の7を全体に掛けて、

$$7, \frac{7}{2}, \frac{7}{3}, \frac{7}{4}, \frac{7}{5}, \frac{7}{6}, 1$$

にして、掛けた7は計算盤の左に置く。この段階では、分数部分の約分はできないので、次に最後の分母の6を同じ要領で掛ける。

$$42, \frac{42}{2}, \frac{42}{3}, \frac{42}{4}, \frac{42}{5}, \frac{42}{6}, 6$$

掛けた6を左に置いて、分数部分を約分してみる。つまり各分母で分子を割る。

$$42, 21, 14, \frac{21}{2}, \frac{42}{5}, 7, 6$$

今度も最後の分母5を掛ける。

$$210, 105, 70, \frac{105}{2}, 42, 35, 30$$

掛けた5を左に置き、今度も2を掛ける。

420, 210, 140, 105, 84, 70, 60

この整数化された数の合計が**少広術**の実（被除数）となる。そして共通分母は左に置いた数の積7×6×5×2＝420である。その共通分母が法（除数）となり、実を法で割る手順とな

る。

【1】今、田が有る。横（広）は一歩半、面積は一畝（二四〇歩・平方歩）である。問う、縦はいくらか。

答えは、百六十歩である。

術すなわち計算法は、横の一歩半の最後の半とは、是れは二分の一（分母は二）である。そこで（二を掛けると）一は二、半は一となる。これらを加え合わして三を得るが、これを法とする。（計算盤上に）田の面積の二四〇歩（平方歩）を置いて、全体を二倍にしている（以一為二）ため二（公倍数）を掛けて、実とする。実を法で割れば、縦の歩数を得る。

【2】今、田が有る。横は一歩と半歩と三分の一歩、面積は一畝である。問う、縦はいくらか。

答えは、百三十歩と十一分の十歩である。

術すなわち計算法は、最後の三分の一（分母は三）である。従って共通分母を求めると、一は六（公倍数）、半は三、二分の一は二となり、これらを加え合わせて十一を得る。それを法とする。田の面積二四〇歩（平方歩）を置いて、六（公倍数）を掛けて、これを実とする。実を法で割れば、縦の歩数を得る。

【3】今、田が有る。横は一歩と半歩と三分の一歩と四分の一歩、面積は一畝である。問う、縦はいくらか。

答えは、百十五歩と五分の一歩である。

術すなわち計算法は、最後は四分の一（分母四）である。従って共通分母を求めると、一は十二（公倍数）、二分の一は六、三分の一は四、四分の一は三となり、これらを加え合わせて二十五を得る。それを法とする。田の面積二四〇歩（平方歩）を置いて、十二（公倍数）を掛けて、これを実とする。実を法で割れば、縦の歩数を得る。

【4】今、田が有る。横は一歩と半歩と三分の一歩と四分の一歩と五分の一歩、面積は一畝（二四〇歩）である。問う、縦はいくらか。

答えは、百五歩と百三十七分の十五歩である。

術すなわち計算法は、最後は五分の一（分母は五）である。従って共通分母を求めると、一は六十（公倍数）、半は三十、三分の一は二十、四分の一は十五、五分の一は十二となり、これらを加え合わせて一三七を得る。それを法とする。田の面積二四〇歩（平方歩）を置いて、六十（公倍数）を掛けて、これを実とする。実を法で割れば、縦の歩数を得る。

【5】今、田が有る。横は一歩と半歩と三分の一歩と四分の一歩と五分の一歩と六分の一歩、面積は一畝である。問う、縦はいくらか。

答えは、九十七歩と四十九分の四十七歩である。

術すなわち計算法は、最後は五分の一（分母は五）である。従って共通分母を求めると、一は一二〇（公倍数）、半は六十、三分の一は四十、四分の一は三十、五分の一は二十四、六分の一は二十となり、これらを加え合わせて二九四を得る。それを法とする。田の面積二四〇歩（平方歩）を置いて、一二〇（公倍数）を掛けて、これを実とする。実を法で割れば、縦の歩数を得る。

【6】今、田が有る。横は一歩と半歩と三分の一歩と四分の一歩と五分の一歩と六分の一歩と七分の一歩、面積は一畝である。問う、縦はいくらか。

答えは、九十二歩と百二十一分の六十八歩である。

術すなわち計算法は、最後は七分の一（分母は七）である。従って共通分母を求めると、一は四二〇（公倍数）、半は二一〇、三分の一は一四〇、四分の一は一〇五、五分の一は八十四、六分の一は七十、七分の一は六十となり、これらを加え合わせて一〇八九を得る。それを法とする。田の面積二四〇歩（平方歩）を置いて、四二〇（公倍数）を掛けて、これを実とする。実を法で割れば、縦の歩数を得る。

【7】今、田が有る。横は一歩と半歩と三分の一歩と四分の一歩と五分の一歩と六分の一歩と七分の一歩と八分の一歩、面積は一畝である。問う、縦はいくらか。

答えは、八十八歩と七百六十一分の二百三十二歩である。

術すなわち計算法は、最後は八分の一（分母は八）である。従って共通分母を求めると、一は八四〇（公倍数）、半は四二〇、三分の一は二八〇、四分の一は二一〇、五分の一は一六八、六分の一は一四〇、七分の一は一二〇、八分の一は一〇五となり、これらを加え合わせて二二八三を得る。それを法とする。田の面積二四〇歩（平方歩）を置いて、八四〇（公倍数）を掛けて、これを実とする。実を法で割れば、縦の歩数を得る。

【8】今、田が有る。横は一歩と半歩と三分の一歩と四分の一歩と五分の一歩と六分の一歩と七分の一歩と八分の一歩と九分の一歩、面積は一畝である。問う、縦はいくらか。

答えは、八十四歩と七千百二十九分の五千九百六十四歩である。

術すなわち計算法は、最後は九分の一（分母は九）である。従って共通分母を求めると、一は二五二〇（公倍数）、半は一二六〇、三分の一は八四〇、七分の一は三六〇、八分の一は三一五、九分の一は二八〇となり、これらを加え合わせて七一二九を得る。それを法とする。田の面積二四〇歩（平方歩）を置いて、二五二一（公倍数）を掛けて、これを実とする。実を法で割れば、縦の歩数を得る。

【9】今、田が有る。横は一歩と半歩と三分の一歩と四分の一歩と五分の一歩と六分の一歩と七分の一歩と八分の一歩と九分の一歩と十分の一歩、面積は一畝である。問う、縦はいくらか。

答えは、八十一歩と七千三百八十一分の六千九百三十九歩である。

術すなわち計算法は、最後は十分の一（分母は十）である。従って共通分母を求めると、一は二五二〇（公倍数）、半は一二六〇、三分の一は八四〇、四分の一は六三〇、五分の一は五〇四、六分の一は四二〇、七分の一は三六〇、八分の一は三一五、九分の一は二八〇、十分の一は二五二となり、これらを加え合わせて七三八一を得る。それを法とする。田の面積二四〇歩（平方歩）を置いて、二五二〇（公倍数）を掛けて、これを実とする。実を法で割れば、縦の歩数を得る。

【10】今、田が有る。横は一歩と半歩と三分の一歩と四分の一歩と五分の一歩と六分の一歩と七分の一歩と八分の一歩と九分の一歩と十分の一歩と十一分の一歩、面積は一畝（二四〇歩・平方歩）である。問う、縦はいくらか。

答えは、七十九歩と八万三千七百十一分の三万九千六百三十一歩である。

術すなわち計算法は、最後は十一分の一（分母は十一）である。従って共通分母を求めると、一は二万七七二〇（公倍数）、半は一万三八六〇、三分の一は九二四〇、四分の一は六九三〇、五分の一は五五四四、六分の一は四六二〇、七分の一は三九六〇、八分の一は三四六五、九分の一は三〇八〇、十分の一は二七七二、十一分の一は二五二〇となり、これらを加え合わせて八万三七一一を得る。それを法とする。田の面積二四〇歩（平方歩）を置いて、二万七七二〇（公倍数）を掛けて、これを実とする。実を法で割れば、縦の歩数を得る。

【11】今、田が有る。横は一歩と半歩と三分の一歩と四分の一歩と五分の一歩と六分の一歩と七分の一歩と八分の一歩と九分の一歩と十分の一歩と十一分の一歩と十二分の一歩、面積は一畝である。問う、縦はいくらか。

答えは、七十七歩と八万六千二十一分の二万九千百八十三歩である。

術すなわち計算法は、最後は十二分の一（分母は十二）である。従って共通分母を求めると、一は八万三一六〇（公倍数）、半は四万一五八〇、三分の一は二万七七二〇、四分の一は二万七九〇、五分の一は一万六六三二、六分の一は一万三八六〇、七分の一は一万一八八〇、八分の一は一万三九五、九分の一は九二四〇、十分の一は八三二一六、十一分の一は七五六〇、十二分の一は六九三〇となり、これらを加え合わせて二十五万八〇六三を得る。それを法とする。田の面積二四〇歩（平方歩）を置いて、八万三一六〇（公倍数）を掛けて、これを実とする。実を法で割れば、縦の歩数を得る。

解説――以上の十一例題で**少広術**、つまり面積より一辺の長さを算出する類題は終わり、つぎは**開方術**、つまり**方冪**《ほうべき》（平方）の一辺を求める開平方の類題に進む。

【12】今、面積五万五千二百二十五歩（平方歩）の正方形が有る。問う、その一辺はいくらか。

答えは、二百三十五歩である。

【13】今、面積二万五千二百八十一歩（平方歩）の正方形が有る。問う、その一辺はいくらか。

答えは、百五十九歩である。

【14】今、面積七万一千八百二十四歩（平方歩）の正方形が有る。問う、その一辺はいくらか。

答えは、二百六十八歩である。

【15】今、面積五十六万四千七百五十二歩と四分の一歩（平方歩）の正方形が有る。問う、その一辺はいくらか。

答えは、七百五十一歩半である。

【16】今、面積三十九億七千二百十五万六百二十五歩（平方歩）の正方形が有る。問う、その一辺はいくらか。

答えは、六万三千二十五歩である。

開方術という計算法は、①まず（計算盤の上に）、面積の数を置いて、これを実（被開方数N）とする（$N=(100x+10x_2+x_3)^2$）。補助の算木を一本（借算と呼ぶ）使って、二桁ずつ（自乗のため）の位取りを示す指標とする（**劉徽註**、百を開方すれば十に、万を開方すれば百になるため、【12】を例に図①）。――次に②、初商を推察して（5を開方する法とする）、得た数値を借算の1に掛け、法とする（初商と初法が同じ）。――③初商を法に掛け（つまり自乗し）、実より引く（被開法数$N-1000x_1\cdots$）。――④引き終われば、計算盤上の法（2）を2倍して定法（既定の法）とする。――⑤其《そ》の後《つぎ》の開方演算は、定法を一桁退げ、復《ふたた》び借算（補助の一本の算木）を移動して二桁退げて（百の位）。――⑥初めのときのように複び次商を推察して（1522なら30掛ける30で除せる）、これに借算の1を掛け、得た所の数値を別に置き（新しい算木を用意し）、それを定法に加える。――それに次商を掛けて実より引く（$N-1000x_1-(200x_1+20x_2\cdots)$）。さらに別に置いていた数値（次商と同じ）を定法の欄に従える。――⑦復び、前のような手順で、開方の位取りの桁を下げ、前の如くに、三商を推察し、同様の手順で実の欄の数より引く。――もし、以上の手順の演算で開方できず、実が0《ゼロ》になっておらず余りがある場合は、整数では開方できないのであるから、一応、商の数の和（初商、次商、三商などの数の和）を分母とし、実の余りを分子とする。――また、若《も》し、実（設問の面積）に分数が有る場合は、帯分数を仮分数に直して、その分子を定（演算中の被開方数）として開方する。また分母も開方し、その開方値で分子の開方値を割る。――若し、分母が開方できない場合は、分母を定実に掛け、乃ち、これを開方し、その開方値を分母で割るのである。

開方図

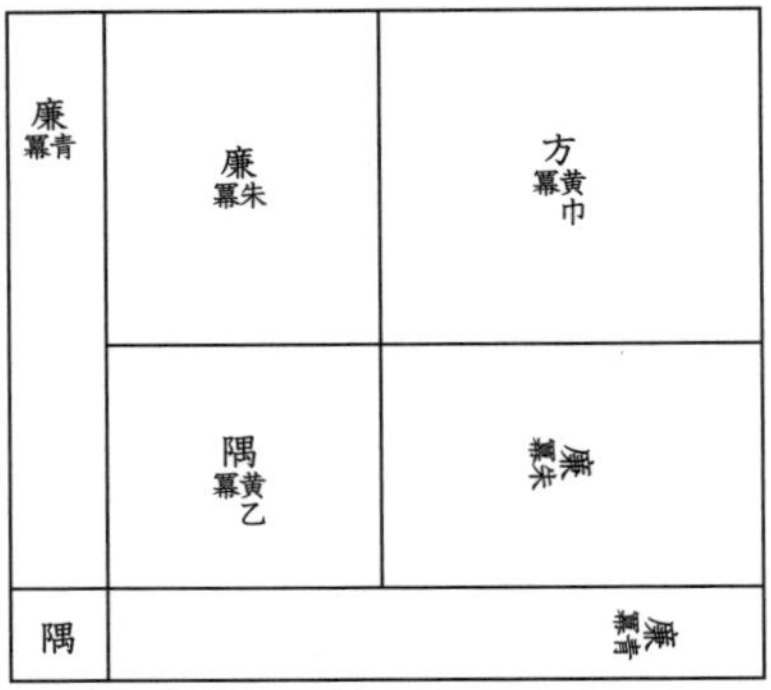

解説――以上の**開方術**の計算盤上の演算プロセスを【12】を例に次に図示する。『九章算術』の算術思考も**劉徽**の注釈も、上図のような開方図を想定し、この正方形から黄、朱、青の各図形を減算してゼロにするプロセス――二次方程式解法のアルゴリズムを示している。これは今日、幾何学的代数と呼ばれている方法だが、**ユークリッド**『**原論**《ストイケア》』でも上図のような発想の、おそらくメソポタミア数学の継承と思われる二次方程式の標準的な解法が、幾何学の形に直されて述べられている。開方術は代数的には、被開方数をNに、初商を$100x_1$に、次商を$10x_2$に、三商をxとした場合に、

$$N = (100x_1 + 10x_2 + x_3)^2$$
$$= 10000x_1^2 + 10x_2(200x_1 + 10x_2) + x_3(200x_1 + 20x_2 + x_3)$$

の式をゼロにするため、減算を順次に展開することになる。演算中に法を二倍しているのは、開方図のように正方形を分割すると、正方形の黄甲や黄乙はそれぞれ一つだが、長方形の朱や青の図形は二つずつできるという幾何学的代数の理由からである。

①

	十万	万	千	百	十	一	
商							
実		5	5	2	2	5	
法		1					
借算		1					

②

商				2			
実		5	5	2	2	5	
法		2					
借算		1					

③

商				2			
実		1	5	2	2	5	
法		2					
借算		1					

④

商				2			
実		1	5	2	2	5	
法			4				
借算				1			

⑤

商				2	3		
実			2	3	2	5	
法			4	3			3
借算				1			

⑥

商				2	3		
実			2	3	2	5	
法			4	6			
借算				1			

⑦

商				2	3	5	
実						0	
法				4	6	5	
借算						1	

【17】今、面積千五百十八歩と四分の三歩（平方歩）の円が有る。問う、その円周はいくらか。

答えは、百三十五歩である。

【18】今、面積三百歩（平方歩）の円が有る。問う、その円周はいくらか。

答えは、六十歩である。

術（**開円術**）すなわち計算法は、まず（計算盤上に）面積の数を置いて、十二を掛ける。その値を開方して、円周を得るのである。

解説——$2\pi r=\sqrt{4\pi \cdot \pi r^2}$という演算プロセスにおいて、円周率を**約率**$\pi=3$を用いている。**劉徽**は次のように説明する。この計算法は、**周三径一**（$\pi=3$）を率として、旧**円田術**の反対計算なのだ。これは、まず三百十四を面積に掛けて、二十五で割り、それを開方して円周を得るのだ。また二〇〇を面積に掛けて、一五七で割り、それを開方して直径を得るのだ、と。

【19】今、体積百八十六万八百六十七尺（立方尺）の立方体が有る。問う、その立方の一辺はいくらか。

答えは、百二十三尺である。

【20】今、体積千九百五十三尺と八分の一尺（立方尺）の立方体が有る。問う、その立方の一辺

はいくらか。

答えは、十二尺半である。

【21】今、体積六万三千四百一立方尺と五百十二分の四百四十七尺（立方尺）の立方体が有る。

問う、その立方の一辺はいくらか。

答えは、三十九尺と八分の七尺である。

【22】今、体積百九十三万七千五百四十一尺と二十七分（四庫全書は三十七）の十七尺（立方尺）の立方体が有る。問う、その立方の一辺はいくらか。

答えは、百二十四尺と三分の二尺である。

開立方術という計算法は、まず（計算盤上に）――①その体積を置いて、実（被開立方数）とする。補助の算木一本（借算）を使って、三桁ずつ（三乗する為）の位取りを示す指標とする（以下、【19】を例に示す）。――②初商を推察して（実の頭位1を開立方するのは）得た数値を、借算の1に二度掛けて、法の欄におく。――③初商を法に掛け、実より引く。――④引き終ったら、法を三倍して定法（既定となった法）とする。――⑤復《ふた》び演算を続けるには、定法を一桁退《さ》げ、三を初商に掛けて置き、後び借算（補助の一本の算本）を下行に置くが、ここで中行を二桁（超一倍）、下行の借算を三桁（超二位）退げる。――⑥復び推察した次商を⑦中行に一度掛け、下桁に二度掛ける。その二つを別に置いておき、またその値を定法に加える。――⑧その定法に次商を掛けて、これを実から引く。――⑨引き終わったら、別置の下行の二倍（八）を別置の中行に加え（6と8で68）、それを定法に加える（364＋68）。——⑩復び、それぞれの行の位取りを下げるのは前の如くであり、定法などを退げる。——⑪推察して三商を得て、前と同様の手順で演算し、——⑫実より引くのである。——だが開立方しても実が0《ゼロ》になっておらず余りがある場合は、また**開方術**の場合と同様であって、整数では開立方できない。——もし、体積（実）に分数が有る場合は、帯分数を仮分数に直し、その分子を定実《ていじつ》（演算中の被開立方数）として、この定実を開立方する。また分母も開立方し、その分母の開立方値で分子の開立方値を割る。——若《も》し、分母が開立方できない場合は、分母を定実に二度掛けて、これを開立方し、その開立方値を分母で割るのである。

解説——**開立方術**の計算盤上における演算手順は**開方術**とよく似ているが、平方根ではなく立方根を求めるのであるから、演算操作が多くなる。代数的には被開方数をNに、初商を$100x_1$、次商を$10x_2$、三商をx_3として、N＝$(100x_1 + 10x_2 + x_3)^3$の式を減算によって開く展開である。**劉徽**は積み木のような組み合わせ模型の立方体の算術モデルを想定し、それから、各商の立体モデルを減算して行くプロセスであると、この開立方術を説明している。これについては朝日出版社刊『中国の

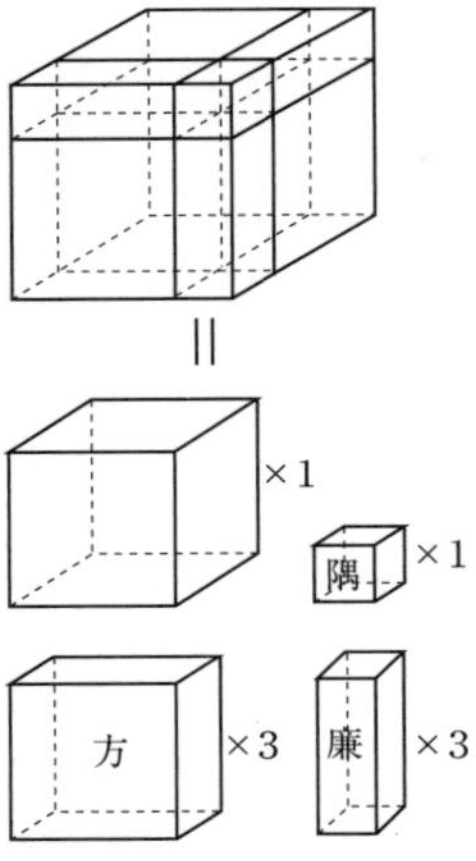

開立方図

天文学・数学集』で川原秀城氏が解説しているが、【19】を例にその手順を図示すると次のようになる。

①

	千万	百万	十万	万	千	百	十	一	
商									
実		1	8	6	0	8	6	7	
法									
廉									
隅		1							

②

	千万	百万	十万	万	千	百	十	一	
商						1			
実		1	8	6	0	8	6	7	
法		1							
廉									
隅		1							

③

	千万	百万	十万	万	千	百	十	一	
商						1			
実			8	6	0	8	6	7	
法		1							
廉									
隅		1							

④

	千万	百万	十万	万	千	百	十	一	
商						1			
実			8	6	0	8	6	7	
法			3						
廉				3					
隅					1				

⑤

	千万	百万	十万	万	千	百	十	一	
商						1	2		
実			8	6	0	8	6	7	
法			3	6	4				
廉				3					
隅					1				

⑥

	千万	百万	十万	万	千	百	十	一	
商						1	2		
実			8	6	0	8	6	7	
法			3	6	4				6
廉			3						4
隅					1				

⑦

	千万	百万	十万	万	千	百	十	一	
商						1	2		
実			1	3	2	8	6	7	
法			4	3	2				6
廉				3					8
隅					1				

⑧

	千万	百万	十万	万	千	百	十	一	
商						1	2		
実			1	3	2	8	6	7	
法				4	3	2			
廉						3	6		
隅								1	

⑨

	千万	百万	十万	万	千	百	十	一	
商						1	2	3	
実			1	3	2	8	6	7	
法				4	4	2	8	9	108
廉						3	6		9
隅								1	

⑩

	千万	百万	十万	万	千	百	十	一	
商						1	2	3	
実								0	
法				4	4	2	8	9	108
廉						3	6		9
隅								1	

【23】今、体積四千五百尺（立方尺）の立円（球）が有る。問う、その直径はいくらか。

答えは、二十尺である。

【24】今、体積一兆六千四百四十八億六千六百四十三万七千五百尺（立方尺）の立円（球）が有る。問う、その直径はいくらか。

答えは、一万四千三百尺である。

術（**開立円術**）すなわち計算法は、まず（計算盤上に）体積の立方尺数を置き、十六を掛け、九で割り、立方に開けば直径が得られるのである。

解説——以上の二題は、前の**開立方術**を用いた**開立円術**、つまり球の体積よりその直径を算出する計算法の類題である。ここでは直径Dに対する球の体積Vを$V=\frac{9}{16}D^3$で与えている。つまり球に外接する立方体の体積の$\frac{9}{16}$としているが、これは円周率$\pi \fallingdotseq 3$を用いているからであって、$V=\frac{3\pi}{16}D^3$となる。しかしこれは近似計算であって、正確な球の体積は、$V=\frac{\pi}{6}D^3$である。中国数学家で正確な体積を算出していたのは六世紀初頭の**祖暅之**《そけんし》であったが、前三世紀のギリシャの**アルキメデス**は、球の体積が、それに外接する円筒の体積の三分の二、$V=\frac{4}{3}\pi r^3$であることを発見している。

また**アルキメデス**は、円に内接する正96角形と円に外接する正96角形の長さを計算して、πは$\frac{233}{71}$と$\frac{22}{7}$の間にあることを発見し、$\pi=\frac{22}{7}$を用いた。円周率πが**無理数**であることが証明されたのは一七六一年であり、**アルキメデス**も、31頁のように**劉徽**も、**無理数**という概念は示さないが、相当に近づいている印象である。

欽定四庫全書

九章算術巻五

晋　劉　徽　注

唐　李淳風註釈

商功以御功程積実

商功《しょうこう》――これによって土木工事の功程と体積、容量を御《おさ》める。

解説――この商功章第五は、土木工事の工程計算と工事計画における容積測量、積算実務の、算術的集成である。水利事業や、土木堀削作業、土砂運搬に必要な種々の立方体の体積の計算、労働者の配分と管理などの問題が含まれている。これらは皆、作業便覧的な、きわめて実用的な様式に整理されている。『九章算術』に代表される中国数学のロギィスティク、計算術的な性格がよく現れている。そこに編み込まれた算術的知識は、ギリシャ＝ヨーロッパ数学のユークリッド幾何学的な公理演繹体系とは根本的に異り、代数的、算術的な感覚である。官人制度の中で、実務家を算術文化の担い手とする、極めて実用的な数値計算の技術、演算（operation）

数学的な技能体系なのである。

【1】今、地を容積一万尺（立方尺）掘って出た土が有る。問う、それを堅土（築き固めた土）にした場合、あるいは壌土（柔らかな残土）のままの場合、それぞれの体積はいくらか。

答えは、堅土は七千五百尺（立方尺）であり、

　　壌土は一万二千五百尺（立方尺）である。

術すなわち土木積算法は、掘った容積四に対して、壌土は五、堅土は三の割合を基準とする。従って、掘った容積から壌土の体積を求めるには五を掛けて、また堅土の体積を求めるには三を掛けて、どちらもみな四で割る。更に、壌土から掘った容積を求めるには四を掛けて、また堅土の体積を求めるには三を掛けて、どちらもみな五で割る。更に、堅土から掘った容積を求めるには四を掛けて、また壌土の体積を求めるには五を掛けて、どちらもみな三で割る。土木工事において、城《じょう》、垣《えん》、堤《てい》、溝《こう》、塹《ぜん》、渠《きょ》は、みなこの積算法である。

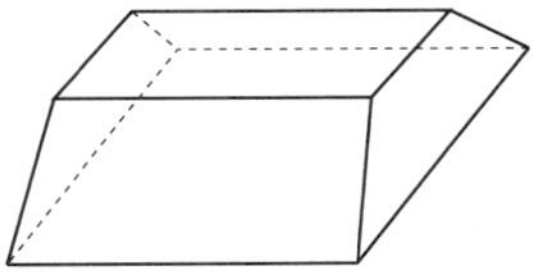

城、垣、隄

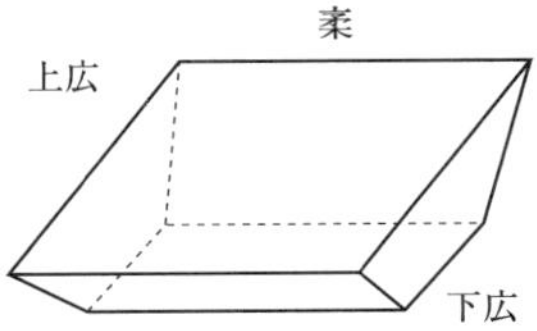

溝、塹、渠

【2】今、地を（溝形に）長さ一丈六尺、深さ一丈、上の横幅（上広）六尺掘って出た土で、体積五百七十六尺（立方尺）の垣を作った。問う、掘った溝形の坑の下の横幅（下広）はいくらか。

答えは、三尺と五分の三尺である。

術すなわち計算法は、まず、垣の体積の立方尺数を（計算盤上に）置いて、これに四を掛けて実とする。つぎに深さと長さを掛け合わせて、これに三を掛けて法とする。得た値を二倍して、それより上の横幅（上広）を引くと、余りが即ち下の横幅（下広）の値である。

解説――土を築き固める土木の板築工法のテーマと、体積計算のテーマの両方を含む。このような場合の体積をVに、上の横幅をaに、下の横幅ををbに、高さをhに長さをlにすれば、

$V=\dfrac{1}{2}(a+b)hl$　となる。商功章第五の類題は、いずれも体積が正しく計算されている。

【3】今、城《じょう》が有る。その下の幅は四丈、上の幅は二丈、高さは五丈、長さは百二十六丈五尺である。問う、その体積はいくらか。

答えは、百八十九万七千五百尺（立方尺）である。

【4】今、垣《えん》が有る。その下の幅は三尺、上の幅は二尺、高さは一丈二尺、長さは二十二丈五尺八寸である。問う、その体積はいくらか。

答えは、六千七百七十四尺（立方尺）である。

【5】今、堤《てい》（堤防）がある。その下の幅は二丈、上の幅は八尺、高さは四尺、長さは十二丈と七尺である。問う、その体積はいくらか。

答えは、七千百十二尺（立方尺）である。

さて冬程人功、すなわち冬期の人功（労働者一人一日の作業基準、ノルマ）は四百四十四尺（立方尺）である。問う、それでは（この堤防を造るのに）何人の労働者が必要か。

答えは、十六人と百十一分の二人である。

術すなわち計算法は、上下の横幅を加え合わして、二で割る。それに高さ、あるいは深さを掛けて、また長さを掛けると、即ちそれが求める体積の立方尺数である。また、その容積の立尺数を実として、人功（一人一日の作業ノルマ）の尺数を法とし、実を法で割れば、即ちそれが必要労働者数である。

【6】今、溝《こう》（用水路）がある。その上の幅は一丈五尺、下の幅は一丈、深さは五尺、長さは七丈である。問う、その容積はいくらか。

答えは、四千三百七十五尺（立方尺）である。

さて春程人功、すなわち春期の人功（作業ノルマ）は七百六十六尺（立方尺）であるが、土砂の運搬に五分の一（四庫全書本は五分の四）の労力がかかるので、実際の人功（定功）は六百十二尺と五分の四尺（立方尺）である。問う、それでは何人の労働者が必要か。

答えは、七人と三千六十四分の四百二十七人である。

術すなわち計算法は、本来の人功を置いて、その五分の一を引き去って（四を掛け、五で割る）、余りを法とする。溝の容積の立方尺数を実とする。実を法で割れば、必要労動者数を得る。

【7】今、塹《ぜん》（堀割り）が有る。その上の幅は一丈六尺三寸、下の幅は一丈、深さは六尺三寸、長さは十三丈二尺一寸である。問う、容積はいくらか。

答えは、一万九百四十三尺八寸（立方尺・立方寸で末尾切り捨て）である。

さて夏程人功、すなわち夏期の人功（作業ノルマ）は八百七十一尺（立方尺）であるが、土砂の運搬に五分の一、砂、礫、水、石を取り去る作業に更に三分の二（太半）の労力がかかるので、実際の人功は二百三十二尺と十五分の四尺（立方尺）である。問う、それでは何人の労働者が必要か。

答えは、四十七人と三千四百八十四分の四百九人である。

術すなわち計算法は、本来の人功の数値を計算盤上に置いて、土砂運搬作業ぶんの五分の一と、砂、礫《れき》、水、石を取り去る作業ぶんの三分の二を引き去って、余りを法とする。塹の容積の立方尺数を実とする。実を法で割れば、即ちそれが必要労働者人数である。

【8】今、渠《きょ》を掘る。上の幅は一丈八尺、下の幅は三尺六寸、深さは一丈八尺、長さは五万千八百二十四尺である。問う、その容積はいくらか。

答えは、一千七万四千五百八十五尺六寸（立方尺・寸）である。

また秋程人功、すなわち秋期の人功（作業ノルマ）は三百尺（立方尺）である。問う、それでは何人の労働者が必要か。

答えは、三万三千五百八十二人分だが、一人の作業量のみ、十四尺四寸（立方尺・寸）足りない。

さて、千人の労働者が先着した。問う、彼らにどれほどの長さを受けもたせればよいか。

答えは、百五十四丈三尺二寸と八十一分の八寸である。

術すなわち計算法は、一人分の基準作業量（一人功）に到着人数を掛けて、実とする。渠の上下の幅を加え合わせて、これを半分にする。この値に深さを掛けて、法とする。実を法で割れば、求める長さの尺数を得る。


【9】今、底面が正方形の四角体（方柱形）が有る。その一辺（方）は一丈六尺、高さは、一丈五尺である。問う、その体積はいくらか。

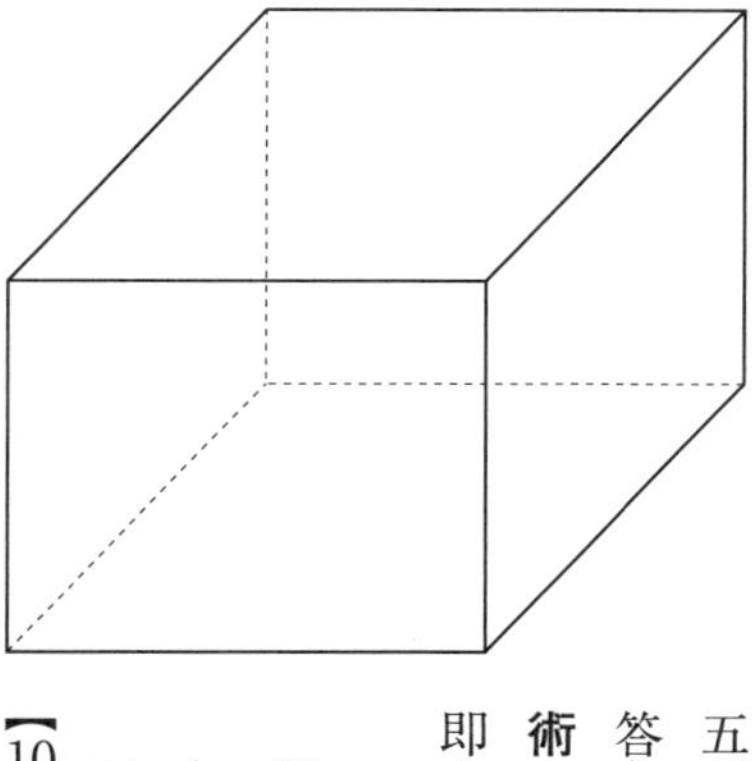

答えは、三千八百四十尺（立方尺）である。
術すなわち計算法は、正方形の一辺を自乗し、高さを掛ければ、即ち求める体積の立方尺数である。

解説――体積をVに、底面の正方形の一辺をaに、高さをhとすれば次のようになる。

$$V = a^2h$$

【10】今、円筒体（円柱形）が有る。その円周は四丈八尺、高さ

は、一丈一尺（一丈＝十尺）である。問う、その体積は（円周率三で）いくらか。

答えは、二千百十二尺（立方尺）である。

術すなわち計算法は、円周を自乗し、高さを掛け、これを十二で割る。

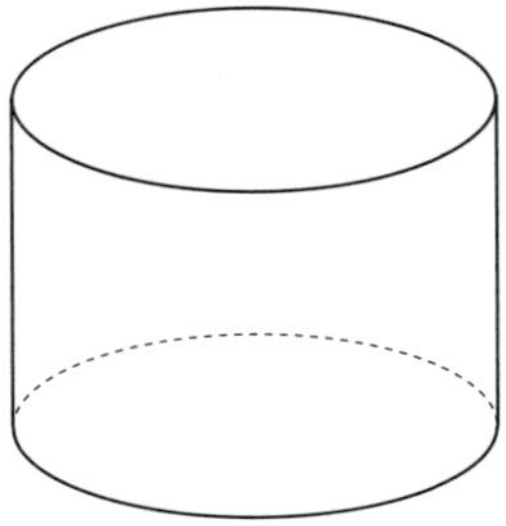

解説——円周率を「**周三径一**」の**約率**で考えている。体積をVに、半径をrに、円周をlに、高さをhとすれば次のようになる。

$$V=\frac{1}{4\pi}\ell^2h=\frac{1}{12}\ell^2h$$

解説——この問題に対して、三世紀の**劉徽**の解答（**徽術**）は、二〇一七尺と一五七分の一三一、七世紀の**李淳風**は、二〇一六尺と解答している。要するに、円周率をどこにとるかの差なのだが、**劉徽**のこの設問への立場は、「$\pi=\frac{157}{50}=\frac{314}{100}$」であり、七世紀の**李淳風**は「$\pi=\frac{355}{113}$」を採用している。以下の各問で、円周率に関する設問は、その注釈において**劉徽**、**李淳風**それぞれの解答が示される。

【11】 今、方亭（正四角錐台）が有る。底面の正方形の一辺は五丈、上面の正方形の一辺は四丈、高さは五丈である。問う、その体積はいくらか。

答えは、十万一千六百六十六尺と三分の二尺（立方尺）である。

術すなわち計算法は、上下の正方形の各一辺の長さを掛け、また、それぞれの一辺を自乗し、これら（三つ）を加え合わせて、それに高さを掛けて、三で割る。

解説――体積をVに、上面の正方形の一辺をaに、下面の正方形の一辺をbに、高さをhとすれば次のようになる。

$$V = \frac{1}{3}(ab + a^2 + b^2)h$$

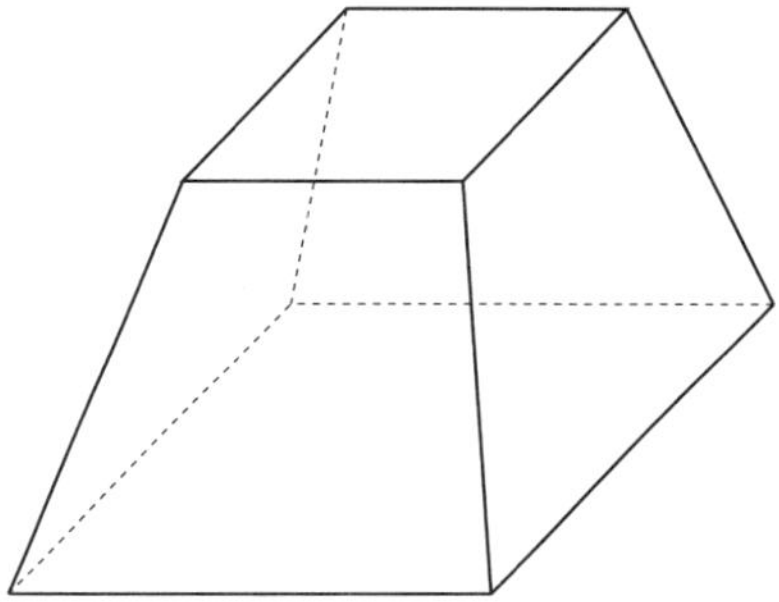

【12】今、円亭（円錐台）が有る。下面の円周は三丈、上面の円周は二丈、高さは一丈である。問う、その体積は（円周率三で）いくらか。

答えは、五百二十七尺と九分の七尺（立方尺）である。

術すなわち計算法は、上下の円周を掛け合わせ、また、それぞれの円周を自乗し、これら（三つ）を加え合わせて、それに高さを掛けて、三十六で割る。

解説――体積をVに、上面の円周をl_1に、その半径をr_1に、下面の円周をl_2に、その半径をr_2に、高さをhとすれば次のようになる。

$$V = \frac{1}{36}(\ell_1\ell_2 + \ell_1{}^2 + \ell_2{}^2)h$$

これは$\pi = 3$においての、次の式に等しい。

$$V = \frac{1}{12\pi}(\ell_1\ell_2 + \ell_1{}^2 + \ell_2{}^2)h = \frac{\pi}{3}(r_1r_2 + r_1{}^2 + r_2{}^2)h$$

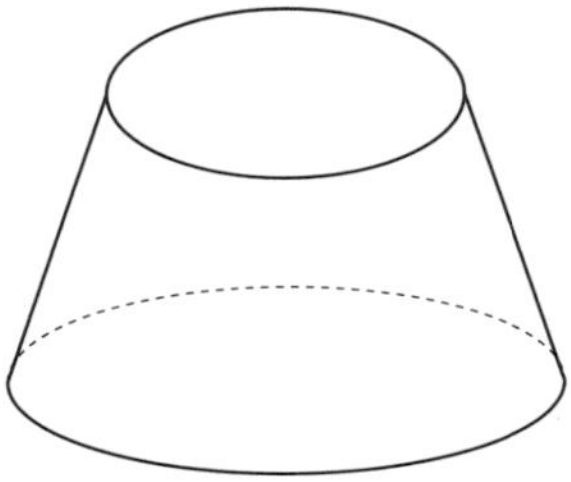

【13】今、方錐（正四角錐）が有る。底面の正方形の一辺は二丈七尺、高さは二丈九尺である。問う、その体積はいくらか。

答えは、七千四十七尺（立方尺）である。

術すなわち計算法は、底面の正方形の一辺を自乗し、高さを掛け、三で割る。

解説——体積をVに、底面の正方形の一辺をaに、高さをhにすれば次のようになる。

$$V = \frac{1}{3}a^2h$$

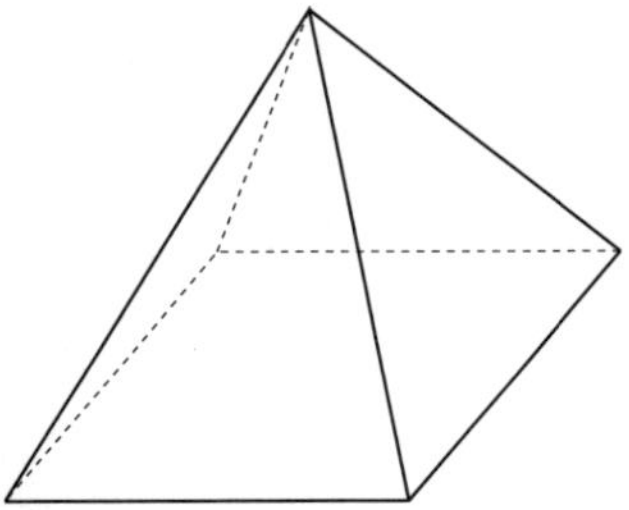

【14】今、円錐が有る。底面の円周は三丈五尺、高さは五丈一尺である。問う、その体積はいくらか。

答えは、千七百三十五尺と十二分の五尺（立方尺）である。

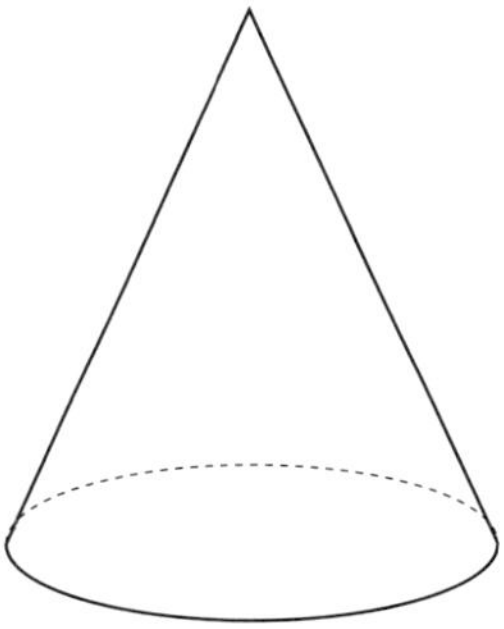

術すなわち計算法は、底面の円周を自乗し、高さを掛けて、三十六で割る。

解説――体積をVに、底面の円周をlに、その半径をrに、高さをhとすれば次のようになる。

$$V=\frac{1}{36}\ell^2 h$$

これは$\pi=3$においての、次の式に等しい。

$$V=\frac{1}{12\pi}\ell^2 h=\frac{1}{3}\pi r^2 h$$

【15】今、壍堵《ぜんと》（立方体を斜めに二等分した三角柱）が有る。その下の面の幅は二丈、長さは十八丈六尺、高さは二丈五尺である。問う、その体積はいくらか。

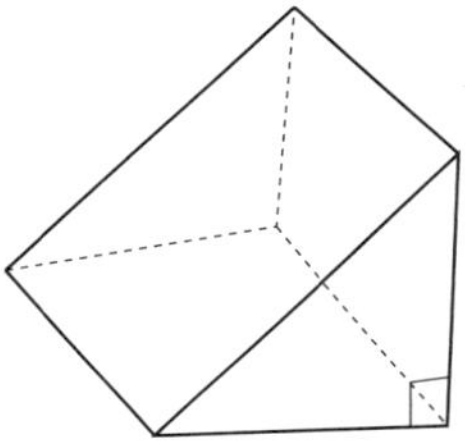

壍堵

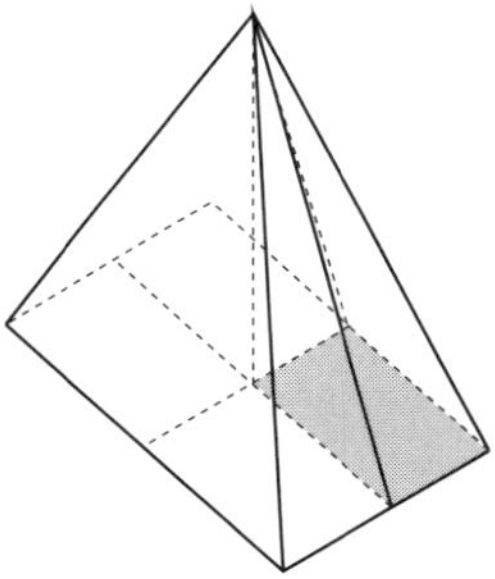

陽馬

答えは、四万六千五百尺（立方尺）である。

術すなわち計算法は、幅と長さを掛け合わせ、それに高さを掛け、二で割る。

【16】今、陽馬（四角錐）が有る。底面の幅は五尺、長さは七尺、高さは八尺である。問う、その体積はいくらか。

答えは、九十三尺と三分の一尺（立方尺）である。

術すなわち計算法は、幅と長さを掛け、高さを掛けて、三で割る。

解説——四角錐の場合は、体積をVに、底面の幅をaに、長さをbに、高さをhにすれば次のようになる。

$$V=\frac{1}{3}abh$$

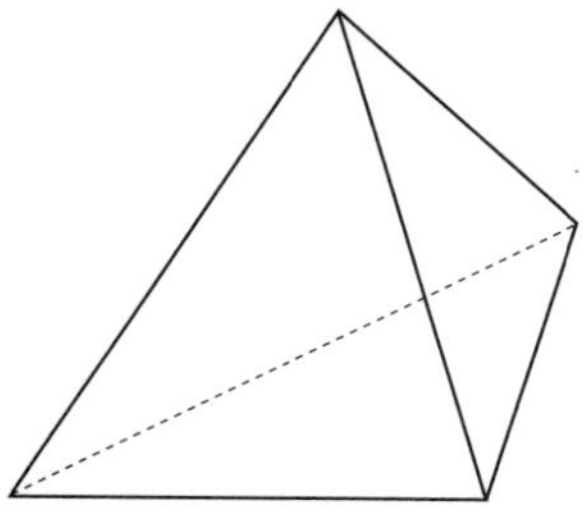

【17】今、臑鼈《べつじゅ》（三角錐）が有る。仮りに（三角錐の体積は四角錐の半分であるが）、底面の三角形の直角をはさむ一辺が五尺であり、もう一辺が四尺として、高さは七尺とした場合、問う、その体積はいくらか。

答えは、二十三尺と三分の一尺（少半）尺（立方尺）である。

解説——体積をVに、底面の面積をsに、高さをhとすれば次のようになる。

$$V = \frac{1}{6}sh$$

【18】今、羨除《せんじょ》（地下墳墓への墓道）が有る。その下の幅は六尺、上の幅は一丈、深さは三尺である。また末の幅は八尺、末の深さは無く、長さは七尺である。問う、その体積はいくらか。

答えは、八十四尺（立方尺）である。

術すなわち計算法は、三つの横幅を加え合わし、それに深さを掛け、また長さを掛けて、六で割るのである。

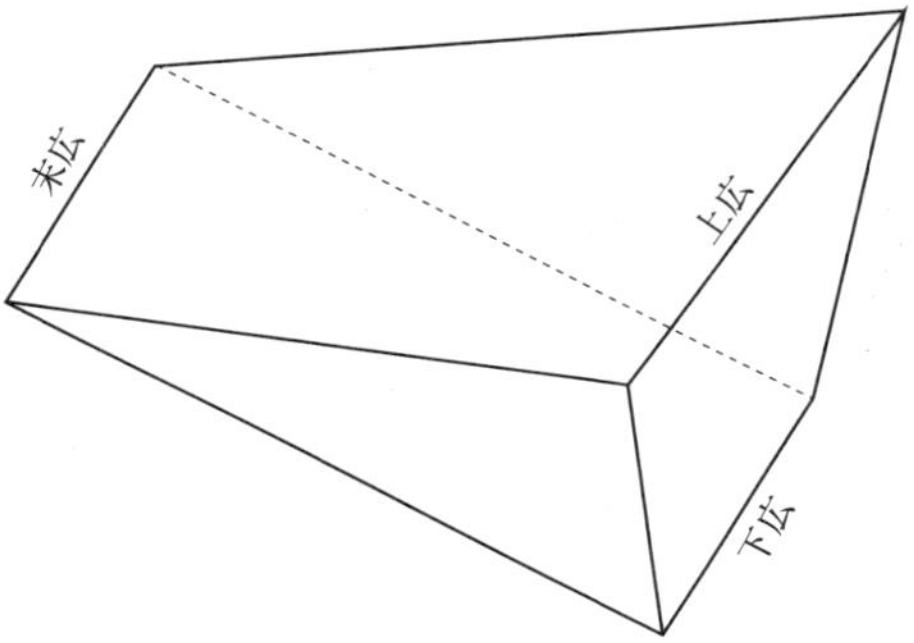

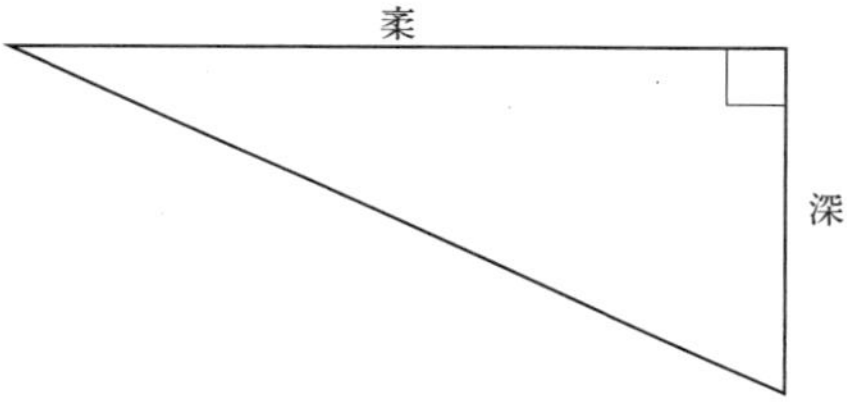

解説――体積をVに、上の幅をaに、下の幅をbに、末の幅をcに、深さをhに、長をlとすれば次のようになる。

$$V = \frac{1}{6}(a + b + c)h\ell$$

【19】今、芻甍《すうぼう》（入母屋型の屋根形）が有る。下の幅は三丈、下の長さは四丈、上の長さは二丈、上の幅は無い。また高さは一丈である。問う、その体積はいくらか。

答えは、五千（四庫全書本は五十と誤字）尺（立方尺）である。

術すなわち計算法は、下の長さを二倍して、上の長さをくわえる。それに下の幅を掛け、また高さを掛けて、六で割る。芻甍《すうぼう》、曲池《きょくち》、盤池《ばんち》、冥谷《めいこく》は（【20】以下の問題）みな、この計算法で体積を求める。

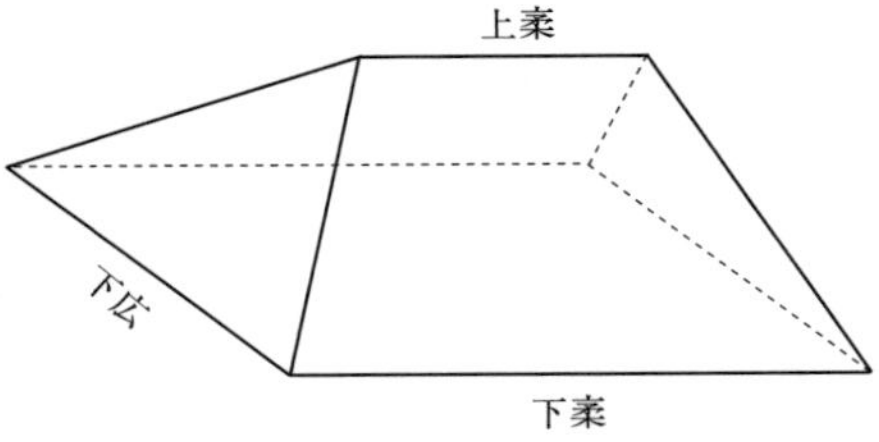

芻　甍

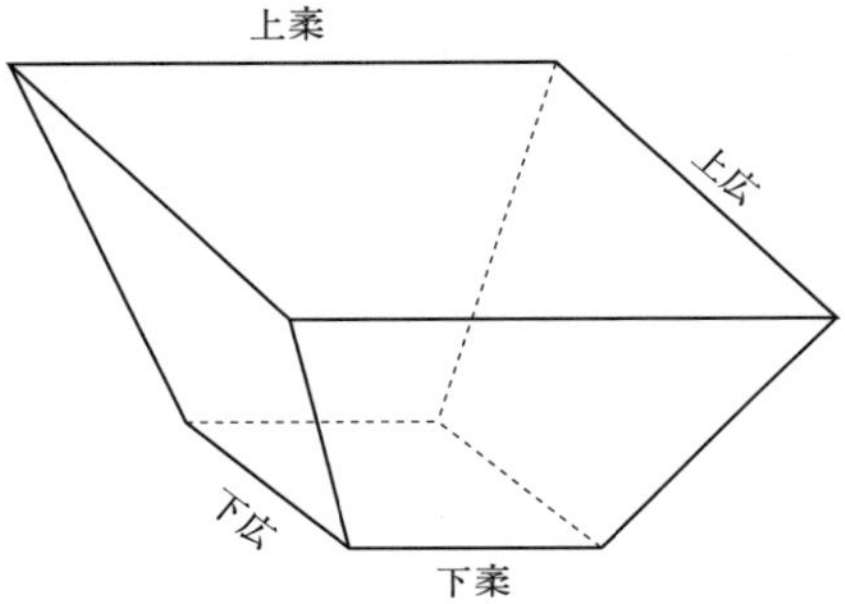

芻童、盤池、冥谷

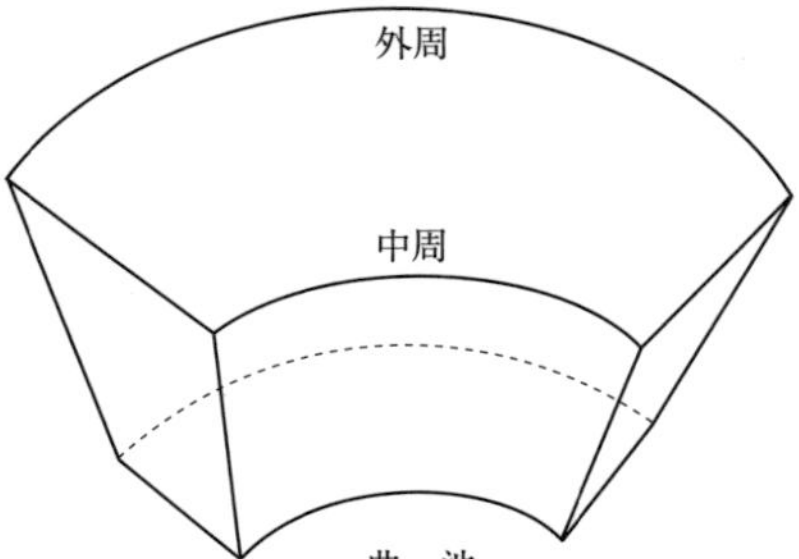

曲　池

術すなわち計算法は、上の長さ（上袤《しょう》）を二倍し、下の長さ（下袤《しょう》）を加える。また、下の長さを二倍し、上の長さを加える。それぞれにその横幅（先の値には上広、後の値には下広）を掛け、その二つを加え合わせる。それに高さ、あるいは深さを掛け、みな（芻甍、盤池、冥谷）六で割る。其《ただし》、曲池の場合は、上面の中周と外周を加え合わせて半分にし、それを（前の計算法での）上の長とする。また、下面の中周と外周を加え合わせて半分にし、それを（前の計算法での）下の長さとして取り扱う。

解説——芻甍の体積をVに、下の幅をaに、下の長さをbに、上の長さをcに、高さをhとすれば次のようになる。

$$V=\frac{1}{6}(2b+c)ah$$

解説——芻甍《すうぼう》、盤池、曲池の体積をVに、上の長さをaに、上の幅をbに、下の長さをcに、下の幅をdに、高さをhとすれば次のようになる。

$$V=\frac{1}{6}[(2a+c)b+(2c+a)d]h$$

【20】今、芻甍《すうぼう》が有る。その下面の幅は二丈、長さは三丈、上面の幅は三丈、長さは四丈、そして高さは三丈である。問う、その体積はいくらか。

答えは、二万六千五百（四庫全書本は一万六千五百に誤字）尺（立方尺）である。

【21】今、曲池《きょくち》が有る。その上面の中周は二丈、外周は四丈、幅は一丈である。下面の中周は一

丈四尺、外周二丈四尺、幅は五尺、そして深さは一丈である。問う、その体積はいくらか。

答えは、千八百八十三尺三寸と三分の一寸（立方尺・寸）である。


【22】今、盤池が有る。その上面の幅は六丈、長さは八丈、下面の幅は四丈、長さは六丈、そして深さは二丈である。問う、その体積はいくらか。

答えは、七万六六百六十六尺と三分の二（太半）尺（立方尺）である。

さて（この工事現場においては掘削残土の運搬のため）土を背負って七十歩（約80・5m）の距離を往復する。そのうちの二十歩は足場とハシゴを上下する距離であるが、その労力二は平らな道五に相当する。また作業道の混雑のため、歩く時間十の割合に対して停止時間一のロスが加わる。そして車に積み込む労力が、三十歩分ほど加わり、結局、一回の残土運搬の労力は、百四十歩（平道換算）が基準となる。土篭（背負い籠）の容積は一尺六寸（一・六立方尺）である。ところで秋期の一人の作業量（ノルマ）は、一日に五十九里半が規程である。問う、一人一日辺りの土の体積はいくらか。また、必要労働者数はいくらか。

答えは、一人当り二百四尺（立方尺）、
　必要労働者数は三百四十六人と百五十三分の六十二である。

術すなわち計算法は、一篭の容積の立方尺数に秋期の程行（作業ノルマ、五十九里半＝一万七千八百五十歩）の歩数を掛け、実とする。足場とハシゴを上下に往来する労力二は平らな道五に相当するから、これを一般の（平道）の歩数（労力）に換算して置く。更に、歩数十に対して一の割合で待ち時間のロスを加え、車に積み込む労力三十歩分も加えると百四十歩。それを法として実で割る。それによって得た値は、即ちそれが一人が一日で運ぶ立方尺数である。また、その数値で全体の体積を割れば、即ちそれが必要労働者数である。

【23】今、冥谷が有る。その上面の幅は二丈、長さは七丈、下面の幅は八尺、長さは四丈、そして深さは六丈五尺である。問う、その体積はいくらか。

答えは、五万二千尺（立方尺）である。

さて（この現場の残土運搬では）二百歩の距離を人力で運び、つぎの一里（三百歩）を車で運ぶ。労働者一人一日の程行（作業ノルマの歩数換算）は五十八里（四庫全書本は歩と誤字）である。また六人で一車を押すが、車は土、三十四尺七寸（立方尺・寸）を載せる。問う、一人一日当りの土の体積はいくらか、また、必要労働者数はいくらか。

答えは、一人当り二百一尺と五十分の十三尺（立方尺）、

　必要労働者数は二百五十八人と一万六十三分の三千七百四十六人である。

術すなわち計算法は、一車の積載量に、労働者一人一日の作業量を掛け、実とする。また人力による残土運搬の距離を置いて、これに車で運ぶ距離を加える。それに一車にかかる六人を掛けて、法として、実で割る。それによって得た値は、即ちそれが一人が一日で運ぶ立方尺数である。また、その数値で土の全体の体積を割れば、必要労働者数を得る。

【24】今、平地に積上げた（円錐形）粟が有る。その下周は十二丈、高さは二丈である。問う、その体積（円周率三）、および粟の量はいくらか。

答えは、体積は八千尺（立方尺）、
粟の量は二千九百六十二斛と二十七分の二十六斛である。

【24】

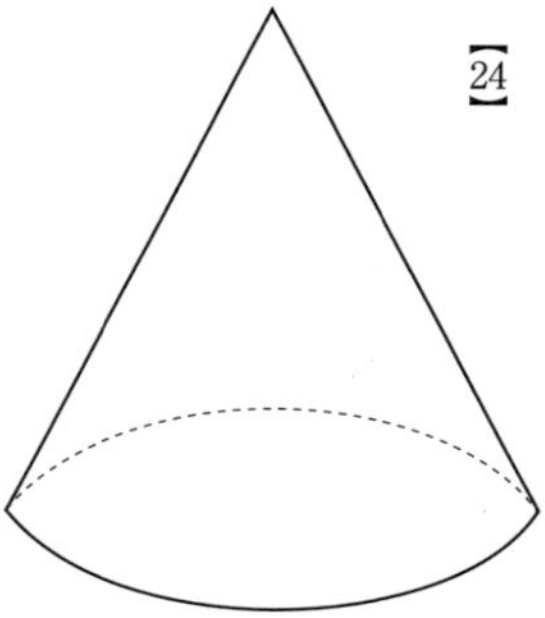

【25】

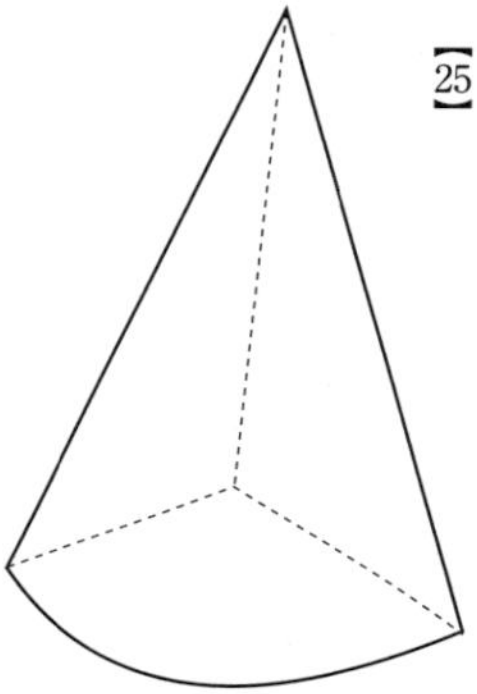

【26】

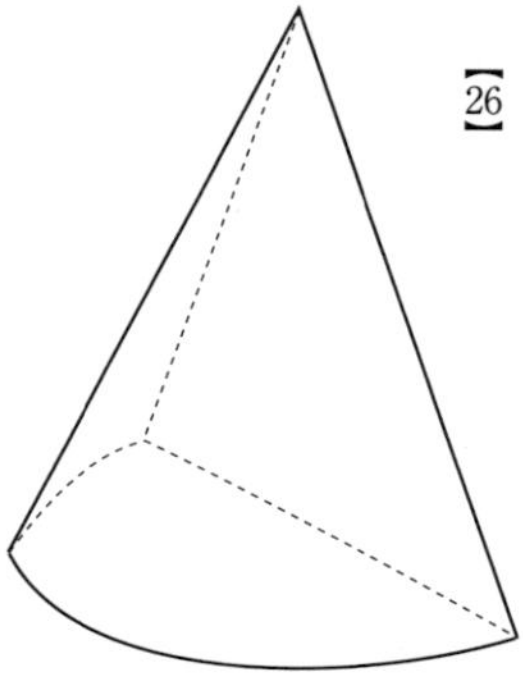

【25】今、垣の内角に依せて積み上げた（円錐形の四分割）米が有る。その下周は（四分の一の円）は八尺、高さは五尺である。問う、その体積、および米（精製粟）の量はいくらか。

答えは、体積は三十五尺と九分の五尺（立方尺）、
米の量は二十一斛と七百二十九分の六百九十一斛である。

【26】今、垣に依せて積み上げた（円錐形の二分の一）菽《しゅく》（大きな豆）が有る。その下周（半円）は三丈、高さは七尺である。問う、その体積、および菽の量はいくらか。
答えは、体積は三百五十尺（立方尺）、
菽の量は百四十四斛と二百四十三分の八斛である。

術（委粟術） すなわち計算法は、円錐形（【24】）のような場合は、下周を自乗し、それに高さを掛けて、これを三十六で割る。垣に依せて積み上げた場合（【26】）は、十八で割る。垣の内角に依せて積上げた場合（【25】）は、九で割る。その程（換算基準）は、粟一斛は体積二尺七寸（立方尺・寸）、その米一斛は体積一尺六寸と五分の一寸（立方尺・寸）、そして荅《とう》、麻《ま》、麦《ばく》一斛の体積は、みな二尺四寸と十分の三寸（立方尺・寸）である。

【27】

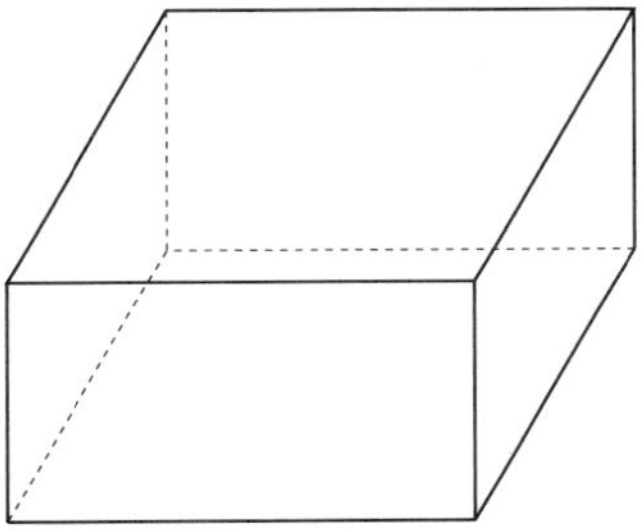

倉

【28】

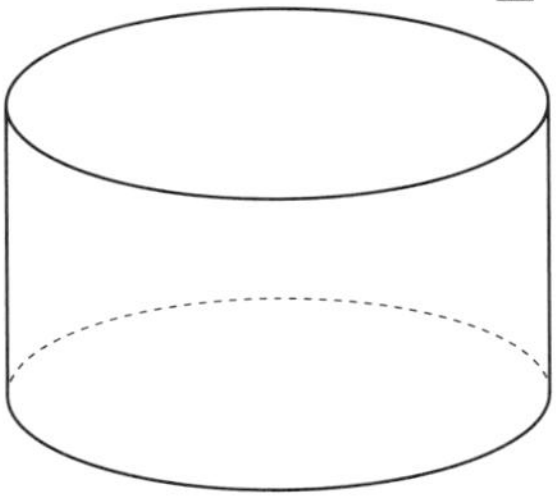

円囷

【27】今、倉が有る。その幅は三丈、長さは四丈五尺であり、粟一万斛を容れる。問う、高さはいくらか。
答えは、二丈である。
術すなわち計算法は、粟

一万斛の体積の立方尺数を置いて、それに一斛の体積（二尺七寸）を掛け、これを実とする。幅と長さを掛けて、法とする。実を法で和って得た値が、高さである。

【28】今、円筒形の倉（円囷《えんきん》）が有る。その高さは一丈三尺三寸と三分の一（少半）寸で、米二千斛（一斛＝十升）を容《い》れる。問う、円周はいくらか。

答えは、五丈四尺である。

術すなわち計算法は、米の体積の立方尺数（一尺六寸五分の一掛ける二千）を（計算盤上に）置いて、十二（円周率三）を掛け、高さで割る。そして得た数値を開平方にすれば、それが円周である。

解説――円周率に関係する【10】【12】【14】【24】【25】【26】【28】の設問を、**劉徽**は、円周率 $\pi = \frac{157}{50} = \frac{314}{100} = 3.14$ で計算して別な解答を示し、また**李淳風**は「**祖沖之**の**密率**の $\pi = \frac{355}{113}$」で再計算している。円周率の処理は、一般官僚実務ではとくに重要ではなく、$\pi = 3$ で間に合う。日本のゆとり教育でも $\pi = 3$ であった。しかし、暦学の立場からは重要問題である。暦の公布は、時の王朝の重大事業であり、その太陰太陽暦における月の朔望、月食、日蝕計算のためには、つまり天文数学の立場からは、より精密な円周率が常にもとめられたのである。

また**祖沖之**は**密率**のほかに実用的な**約率** $\pi = \frac{22}{7}$ を示していたが、これは**アルキメデス**と一致する。

欽定四庫全書

九章算術巻六

晋　劉　徽　注

唐　李淳風註釈

均輸以御遠近労費

均輸《きんゆ》――これによって租税・運輸における遠近の納税額と輸送費の負担均等を御《おさ》める。

解説――前漢の武帝の時代（前一世紀）に均輸官という税務機関が設けられた。『後漢書』**李賢註**には「武帝の作る均輸法は、州郡の出す所の租賦と、雇運の値をあわせて、官これを総取し、その土地の出す所の物を市《あがな》い、官みずから京に転輸する、これを均輸という」とある。つまり広大な統治面積を持つ中国の官僚制において、首都に租税を運輸して集中させる際に、その遠近にかかわらず、人民に公平に租税と運輸の負担を課さねばならない。そこで第一問では、運輸日数を考慮しての田租量の算出、第二問では徴募する兵員数、第三、四問は輸送問題と、おそらく中国官僚制の下で実際に行なわれたであろう計算術が示されている。それらのテーマは人民へ公平に負担させることである。第五問以下は、かなり複雑で多様な計算術が示されている。だが、それらは必ずしも実際の当時の税率や制度であったと考えるよりも、『九章算術』はあくまで算学の教科書なのであって、その計算術を官吏に教え易くするため、簡明な設問が作られたと考えるべきだろう。従って、これらの設問から時代の気分を理解するのはよいが、これらの税率等が完全に社会経済史的意味を持つとは、考えるべきではない。

【1】今、均輸《きんゆ》すべき粟《ぞく》が有る。甲県は一万戸で運輸日数（行道）八日、乙県は九千五百戸で運輸日は数十日、丙県は一万二千三百五十戸で運輸日数は十三日、丁県は一万二千二百戸で運輸日数は二十日で、それぞれ輸送先に到着する。四県すべての合計租賦は二十五万斛《こく》であり、これは車一万台の輸送量に相当する。これを各県の道里の遠近や戸数の多少に応じて、比率的公平に負担させたいのだが、問う、各県の出すべき粟と車はそれぞれいくらか。

答えは、甲県は粟八万三千百斛と車三千三百二十四台、
　乙県は粟六万三千百七十五斛と車二千五百二十七台、
　丙県は粟六万三千百七十五斛と車二千五百二十七台、
　丁県は粟四万五百五十斛と車一千六百二十二台である。

術すなわち計算法は、各県の戸数を輸送日数で割り、これを衰《し》（等級別の比率）とする。すると甲の衰は百二十五、乙、丙の衰はそれぞれ九十五、丁の衰は六十一となる。別にこれらを（計算

盤上で）加え合わせて、法《ほう》（除数）とする。加え合わせる前の各自の衰に、四県合計の粟の車数を掛け、それを各自の実《じつ》（被除数）とする。そして実を法で割るのである。もし答えに端数（分数）があれば、上下に適当に配分する。また、二十五斛を各自の車数に掛ければ、それが即ち各県あたりの粟数である。

【2】今、均輸すべき兵卒が有る。甲県（の保有兵力数）は一千二百人で軍事基地（塞《さい》）に近接、乙県は一千五百五十人で移動に一日、丙県は一千二百八十人で移動に二日、丁県は九百九十人で移動に三日、戊県は一千七百五十人で移動に五日かかる。五県すべての徴発動員兵数は、一ケ月の軍務をさせる千二百人の兵力である。これを各県の遠近や保有兵力数などの割合に応じて、比率的公平に徴発動員したいのだが、問う、各県はそれぞれ何人の兵卒を出すべきか。

答えは、甲県は二百二十九人、

乙県は二百八十六人、

丙県は二百二十八人、

丁県は百七十一人、

戊県は二百八十六人である。

術すなわち計算法は、各県の保有兵力数を、その動員軍務日数と移動日数を加え合わせたもので割り、それを各県の衰とする。すると甲の衰は四、乙の衰は五、丙の衰は四、丁の衰は三、戊の衰は五となる。別にこれらを加え合わせておいて法とする。加え合わす前の各自の衰に、徴発動員予定の兵力数を掛け、それを各自の実とする。そして実を法で割るのである。もし答えに端数(分数)があれば、上下に適当に配分する。

【3】今、均率に課税すべき賦税(均賦)の粟が有る。甲県は二万五百二十戸で、粟一斛の値段は二十銭し、自らその県内に輸送できる。乙県は一万二千三百十二戸で、粟一斛は十銭し、輸送先まで二百里かかる。丙県は七千百八十二戸で、粟一斛は十二銭し、輸送先まで百五十里かかる。丁県は一万三千三百三十八戸で、粟一斛は十七銭し、輸送先まで二百五十里かかる。戊県は五千百三十戸で、粟一斛は十三銭し、輸送先まで百五十里かかる。五県すべての合計課税額は粟一万斛であるが、車一台は二十五斛を載せ、一里に一銭の輸送費がかかる。そこで各県あたり、各戸あたりに公平に賦税の粟と輸送費を課したいのだが、問う、各県はそれぞれいくらの粟を出すべきか。

答えは、甲県は三千五百七十一斛と二千八百七十三分の五百十七斛、
乙県は二千三百八十斛と二千八百七十三分の二千二百六十斛、
丙県は千三百八十八斛と二千八百七十三分の二千二百七十六斛、
丁県は千七百十九斛と二千八百七十三分の千三百十三斛、
戊県は九百三十九斛と二千八百七十三分の二千二百五十三斛である。

術すなわち計算法は、まず一里の輸送費と輸送先までの里数を掛け、それを一車の積載量である二十五斛で割る。この数値にその県での粟一斛の値段を加えると、なすわち各県ごとの粟一斛を納税するのにかかる総コスト（甲県は二十銭、乙県と丙県は十八銭、丁県は二十七銭、戊県は十九銭）である。それで得た値で各県の戸数を割り、衰（等級別の比率）とする。すると甲の衰は千二十六、乙の衰は六百八十四、丙の衰は三百九十九、丁の衰は四百九十四、戊の衰は二百七十となる。別にこれらの値を加え合わせて、法（除数）とする。加え合わせる以前の各自の衰に、五県の合計課税額を掛けて、それを各県の実（初除数）とする。そして実を法で割るのである。

【4】今、均率に課税すべき賦税の粟が有る。甲県の課税人口（算賦《さんぷ》）は四万二千人で、粟一斛の値段が二十銭であり（四庫全書本にはこの下に傭価一日一銭の六字）、自らその県内に運ぶ。乙県は三万四千二百七十二人で、粟一斛は十八銭、運送賃金は一人一日が十銭、輸送先まで七十里ある。丙県は一万九千三百二十八人で、粟一斛は十六銭、運送賃金は一日五銭、輸送先まで百四十里ある。丁県は一万七千七百人で、粟一斛は十四銭、運送賃金は一日五銭、輸送先まで百七十五里ある。戊県は二万三千四十人で、粟一斛十二銭、運送賃金は一日五銭、輸送先まで二百十里ある。己県は一万九千百三十六人で、粟一斛は十銭、運送賃金は一日五銭、輸送先まで二百八十里ある。六県すべての合計課税額は粟六万斛である。それを皆、甲県に輸送するが、六

人で一車を押し、一車は二十五斛を積載する。そして荷物を積んだ車は一日五十里、空車は七十里進み、積み降しに各一日（計二日）かかる。さて、粟の値段にも高い安いがあり、運送賃金にもそれぞれ違いがあるが、どの県の納税者も比率的公平に税と労費を負担させたい。問う、すると各県は粟いくらずつ出すべきか。

答えは、甲県は一万八千九百四十七斛と百三十三分の四十九斛、

乙県は一万八百二十七斛と百三十三分の九斛、

丙県は七千二百十八斛と百三十三分の六斛、

丁県は六千七百六十六斛と百三十三分の百二十二斛

戊県は九千二十二斛と百三十三分の七十四斛、

己県は七千二百十八斛と百三十三分の六斛である。

術すなわち計算法は、荷物を積んだ車と空車のそれぞれの一日の行程を掛け合わせ、これを法とする。また荷物を積んだ車と空車のそれぞれの一日の行程を加え合わせ、各県の輸送距離に掛け、それぞれの実とする。そして実を法で割る（日数を得る）。それに積み降しの各一日（計二日）を加えて、これに六人を掛け、その一人一日の各県の運送賃金をさらに掛けて、これを二十五斛で割る。この値に各県の粟一斛の値段を加えると、それが各県が粟一斛を納める総コストとなる。その数値で、各県の課税人口を割り、各自の衰（等級別の比率）とする。別にこれらを加え合わせ、法とする。加え合わす前の各自の衰に、六県の合計課税額を掛け、それを各県の実とする。

そして実を法で割る（斛数を得る）。

【5】今、粟《ぞく》（未脱殻の粟《あわ》）七斗が有る。これを三人で分けて、一人は糲米《れつべい》（未精白の粟）に、一人は粺米《はい》（半精白の粟）に、一人は糳米《さく》（精白の粟）に舂《うすづ》く。それぞれの出来高の量を等しくしたいのだが、問う、そのためには各人がどれほどの粟を取ればよいか。また、それぞれの出来高（米数）はいくらか。

答えは、糲米には粟二斗と百二十一分の十斗を取る、

粺米には粟二斗と百二十一分の三十八斗を取る、

糳米には粟二斗と百二十一分の七十三斗を取る。

出来高の米数は、それぞれ一斗と六百五分の百五十一斗である。

術すなわち計算法は、まず（計算盤上に）糲米率三十、粺米率二十七、糳米率二十四を置き、そしてこれを逆数にして、反衰《はんし》（等級別反比例の比率、衰分術の反衰術）とする。別にこれらを加え合わせて、法（除数）とする。加え合わせる前の各自の反衰に七斗を掛けて、それぞれの粟を取る実（被除数）とする。実を法で割るのである。また、出来高の米数をもとめるには、本率（粟米章の換算率）をそれぞれの取るべき粟数に掛けて、これを実とする。そして粟率の五十を法として、実を法で割るのである。

【6】今、粟二斛の俸給をうけるべき人が有る。だが倉に粟は無く、そこで米（糲米であり粟五十に対する換算率三十）と菽《しゅく》（換算率四十五）を一対二の割合いで支給して、俸給の粟に当《かえ》たい。問う、米と菽はそれぞれいくらにするか。

答えは、米は五斗一升と七分の三升、

菽は一斛二升と七分の六升である。

術すなわち計算法は、まず（計算盤上に）米一菽二の比率を置く。これに対する粟数の按分比率をもとめ（一と三分の二、および二と九分の二）、その値を加え合わすと三と九分の八を得る。これを法とする。また、別に米一菽二の比率を置いて、粟二斛をこれに掛けて、各自の実とする。実を法で割るのである。

【7】今、労働者を雇うと、塩二斛を背負わせて百里運ばすのに賃金四十銭が有《い》る。そして今、塩一斛七斗三升と三分の一升を背負わせて八十里を運ばせたいが、問う、いくらの銭を与えるべきか。

答えは、二十七銭と十五分の十一銭である。

術すなわち計算法は、まず（計算盤上に）塩二斛の升数（二百升）を置いて、それに百里を掛けて（二万里）、これを法とする。さらに四十銭を、今、運送する塩の升数に掛け、また八十里を掛けて、これを実とする。実を法で割るのである。

【8】今、一日の運搬作業が有る（原文の「今有」とはイディオムで、今有数―既知数・条件）。重さ一石十七斤の篭を背負って、七十六歩の距離を五十往復する作業量である。そして今、重さ一石の篭を背負わせて百歩の距離を運ばせたいのだが、問う、何往復させられるか。

答えは（原文は「答日五十七返二千六百三分返元一千六百二十九であるが）、四十三回と六十分の二十三回（『九章算術細草図説』による）である。

術すなわち計算法は、故《もと》める所の運搬歩数に故める部分の篭の重さの斤数を掛けて、これを法とする。今有の篭の重さの斤数に、今有の運送距離（七十六歩）を掛け、また、その往復回数（五十返）を掛け、これを実とする。そして実を法で割るのである。

【9】今、宿駅継ぎによる物資輸送（程伝委輸）が有る。空車の一日の運送距離は七十里、荷を積んだ車の場合は五十里が基準である。そして今、太倉（官庫）の粟を上林（朝廷の離苑）へ、五日で三回（原本の誤写修正）輸送した。問う、すると太倉と上林の間の距離はいくらなのか。

答えは四十八里と十八分の十一里である。

術すなわち計算法は、空車と荷を積んだ車の一日の運送距離を加え合わし、それに三回を掛けて、これを法とする。空車と荷を積んだ車の運送距離を掛け合わし、それに五日を掛けて、これを実とする。実を法で割る。

【10】今（算術的条件が）、有る。すなわち絡糸《らくし》（原糸）一斤（十六両）は練糸《れんし》十二両に相当し、練糸一斤は青糸一斤十二銖に相当する。そして今、青糸一斤が有るのだが、問う、するとこれは本の絡糸のいくらに相当するか。

答えは、一斤四両十六銖と三十三分の十六銖である。

術すなわち計算法は、練糸十二両と青糸一斤十二銖を掛けて、これを法とする。青糸一斤の銖数（一斤＝十六両、一両＝二十四銖、一斤＝三百八十四銖））を練糸一斤の両数に掛け、また絡糸一斤を掛けて、これを実とする。実を法で割るのである。


【11】今、粗悪な粟《ぞく》が二十斗有る。これを舂《うすづ》くと糲米《れつべい》九斗を得る。そして、また今、粺米十斗が欲しいのだが、問う、すると粗悪な粟がいくらいるのか。

答えは、二十四斗六升と八十一分の七十四升である。

術すなわち計算法は、まず（計算盤上に）糲米九斗を置いて、これに九（粺米率九）をかけ、法とする。粺米十斗を置き、これに十（糲米率十）を掛け、さらに粗悪な粟二十斗を掛けて、これを実とする。そして実を法で割る。

解説――粟米章での換算率は糲米三十に対して粺米二十七であり、約して十対九。**劉徽**は、

【10】と【11】はともに重今有術《じゅうこんゆうじゅつ》（今有術を重ねた計算法）である、したがって、中間部分にそれぞれ比率があっても、それを不問として、直接に後実《こうじつ》（後者の被除数）に前実《ぜんじつ》（前者の被除数）を掛け、後法《こうほう》（後者の除数）に前法《ぜんほう》（前者の除数）を掛けて、連除せよと説明する。

【12】今、足の速い人（善行者）が百歩をゆくのに対して、遅い人（不善行者）は六十歩という算術的条件が有る。そして今、まず足の遅い人が百歩先行して、それを速い人が追う。問う、すると何歩で追いつくのか。

答えは、二百五十歩である。

術すなわち計算法は、まず（計算盤上に）速い人の百歩から遅い人の六十歩を引いて、その余りの四十歩を法（遅い人の先行率）とする。速い人の百歩（追及率）に遅い人の先行百歩を掛けて、これを実とする。実を法で割るのである。

【13】今、（いま算術的条件が）、有る。足の遅い人が十里先行して、これを速い人が追うのであるが、百里行ったら、遅い人の二十里前にいた。問う、すると速い人は何里で追いついていたのか。

答えは、三十三里と三分の一里である。

術すなわち計算法は、まず（計算盤上に）遅い人の先行十里を置いて、速い人が追い抜いた二十里を加えて（和の三十が先行率）、これを法とする。遅い人の先行十里に速い人の百里（追及率）

を掛けて、実とする。実を法で割るのである。

【14】今、兎が有り、それが百歩先走したのを犬が追いかけたのだが、二百五十歩を走って、あと三十歩およばないところで止めた。問う、もし走りつづけていてたら、あと何歩で追いついていたか。

答えは、百七歩と七分の一歩である。

術すなわち計算法は、まず（計算盤上に）兎の先走百歩を置いて、それから犬のおよばなかった三十歩を引き、余り（兎の先走率）を法とする。およばなかった三十歩に犬が追いかけた歩数二百五十（追及率）を掛けて実とする。実を法で割るのである。

【15】今、金十二斤を持ち関所を出る人が有る。関税は十分の一である。そして今、関所は金二斤を取り、五千銭のおつりをくれた。問う、すると金一斤は何銭にあたるのか。

答えは、六千二百五十銭である。

術すなわち計算法は、十（計算上の分母）に二斤を掛け、十二斤を引き、余りを法とする。十（分母）に五千銭を掛けて実とする。実を法で割る。

解説――【9】から【16】までの計算法は、基本的に粟米章での**今有術**――今有数、既知数から未知数を算出する比例計算法で解く。したがって解法のポイントは、所有数、所求数、所有率、所求率などを見分ける文字方程式的発想にある。たとえば【12】の**劉徽**の説明をみると、先行百歩を所有数とし、追及率を所求率、先行率を所有率として解いている。【15】は奇妙な手順であり、関税は十分の一であるから、まず十を掛けてから、五千銭を所有数、十を所求率、八（余り、法）を所有率として計算している。

【16】今、（いま算術的条件が）、有る。客の馬は一日（十二時間）に三百里（中国里）行くのである。ところが客は衣服を忘れて帰った。主人は一日の三分の一が過ぎてからそれに気付き、衣服を持って追った。手渡して家に帰ると一日が四分の三（視日——太陽が四分の三の位置）すぎていた。問う、すると主人の馬は休まず走れば一日に何里を行くか。

答えは、七百八十里である。

術すなわち計算法は、まず四分の三日から三分の一日を引き（是主人追客還用日率）、その余りを半分として（均行用日之率）法とする。別に、法（主人追客用日分）と三分の一日を加えたもの（客の独行用日分）に三百里（今有術の所有数）を掛けて、実とする。実を法で割る。

解説——この問題の今有術における所有数は三百里、所求率は十三、所有率は五である。

【17】今、長さ五尺の金属製の箠《むち》（細長い先細り円錐形）が有る。本《もと》（握り）の一尺を斬ると重さ四斤あり、末（先端）の一尺を斬ると重さ二斤であった。問う、それではつぎつぎと一尺ずつ斬っていくと各部分の重さは、それぞれいくらか。

答えは、末の一尺は重さ二斤、

次の一尺は重さ二斤八両、

次の一尺は重さ三斤、

次の一尺は重さ三斤八両、

本の一尺は重さ四斤である。

術すなわち計算法は、末の重さを本の重さより引くと、即ちそれが**差率**《さりつ》である。また本の重さを（計算盤上に）置き、四間（斬所の数）を掛け、これを第一衰（一番下の等級別の比率）とする。この値を（計算盤上の）別のところに置いて、順番に差率を引いていけば、毎尺ごとの各自の衰（等級別比率）となる（列衰）。別に置いていた第一衰を法とする。本の重さの四斤を、それぞれの差違のある列衰に掛け、各自の実とする。実を法で割る。

解説――**劉徽**は、この演算プロセスは**旧術**（奏漢の方法）であって迂遠であるとし、**新術**（三国時代の方法）の計算法を注釈部分で説明している。だが、本の重さ四斤から末の重さ二斤を引き、それを四で割れば毎尺の重さの差が簡単に出る筈である。

【18】今（いま算術的条件が）、有る。五人で五銭を分ける（等級数列のように）のだが、上の二人の得る合計銭数と下の三人の合計銭数を等しくしたい。問う、それぞれいくらを得るか。

答えは、甲は一銭と六分の二銭を得る、

乙は一銭と六分の一銭を得る、

丙は一銭を得る、

丁は六分の五銭を得る、

戊は六分の四銭を得る。

術すなわち計算法は、まず（計算盤上に）一、二、三、四、五とならぶ衰（銭錐行衰）を置く。上の二人の衰を合わすと九であり、下の三人の衰を合わすと六である。六は九より三少ない。この三を全部の衰に加える（新しい衰とする）。別に、その合計を出して置いて法とする。合計する前のそれぞれの衰に分配する銭数を掛けて、各自の実とする。実を法で割るのである。

【19】今、九節の竹（各部の容量が等差をなす）が有る。その下三節で四升の容量であり、上四節で三升の容量である。問う、すると中間の二節も同じ比率（等差数列的）とすれば、各節はそれぞれいくらか。

答えは、下の初めの節間は一升と六十六分の二十九升、

次の節間は一升と六十六分の二十二升、
次の節間は一升と六十六分の十五升、
次の節間は一升と六十六分の八升、
次の節間は一升と六十六分の一升、
次の節間は六十六分の六十升、
次の節間は六十六分の五十三升、
次の節間は六十六分の四十六升、
次の節間は六十六分の三十九升。

術すなわち計算法は、下三節で四升を平均に分け（平均値）下率とする。上四節で三升を平均に分け（平均値）上率とする。上・下率の多い方から少ない方を引き、余り（十二分の七）を実とする（中間五節半の容量差）。別に、四節と三節を（計算盤上に）置いて、それぞれを半分にして九節から引き、余り（五と二分の一）を法とする。実を法で割る。即ちこれが各節間の等差（衰相去）である。ちなみに、下率（下三節の平均値）の一升と三分の一とは、下から二番目の節間の容量なのである。

【20】今（いま算術的条件が）、有る。鳧《ふ》（鴨）は南海を起《た》ちて七日で北海に至り、雁《がん》は北海を起ちて九日で南海に至るのである。そして今、鳧と雁が同時に出発したのだが、問う、すると何日

で相逢うか。

答えは、三日と十六分の十五日である。

術すなわち計算法は、日数を加え合わして法とする。また日数を掛け合わして実とする。実を法で割るのである。

解説――【20】から【26】までは現在の仕事算にあたる同系の類題群である。『九章算術』の各類題は単なる演習問題でなく、一種の文字方程式的な、実用にも即応できる整理がなされており、【20】なら**鳧雁術**《ふがんじゅつ》と呼んで、算術現場における現象学的な応用が可能なように配慮されている。類題はこのような算術パターンを整理した実用的意味合いを持たされている。つまり『九章算術』等における数学的思考は、ギリシャ数学のように公理、公準から発した論理的演繹体系としての数学ではなく、類題のような算術パターンをより多く開発し記憶することによって行なう、現象面から分類した演算技術の集成とも言えるのである。

【21】今（いま算術的条件が）、有る。甲は長安（首都）を出発して五日で斉《せい》（山東省）に至り、乙は斉を出発して七日で長安に至るのである。そして今、乙は甲が出発する二日先にすでに出発したのだが、問う、すると何日で相逢うか。

答えは、二日と十二分の一日である。

術すなわち計算法は、五日と七日を加え合わせて法とする。また乙の先発日数の二日を七日から引き、余りを甲の日数に掛けて実とする。実を法で割るのである。

【22】 今（いま算術的条件が）、有る。一人が一日で牝瓦なら三十八枚を造り、一人が一日で牡瓦なら七十六枚を造るのである。そして今、一人に牝瓦と牡瓦と半々ずつ造らせたいが、問う、すると瓦は何枚ずつ造れるか。

答えは、二十五枚と三分の一枚である。

術すなわち計算法は、牝瓦数と牡瓦数を加え合わし法とする。牝瓦数と牡瓦数を掛け合わして実とする。実を法で割るのである。

【23】 今（いま算術的条件が）、有る。一人一日で矢竹なら五十を矯《つく》り、一人一日で矢羽なら三十をつけ、一人一日で矢筈《やはず》なら十五をつける。そして今、一人に一日で自ら矢竹を矯り矢羽をつけ矢筈をつけさせたいのだが、問う、すると矢は何本出来るか。

答えは、矢が八本と三分の一である。

術すなわち計算法は、矢竹を五十矯る労働者数は一人であり、矢羽を五十つける労働者数は一人と三分の二人であり、矢筈を五十つける労働者数は三人と三分の一人である。これらを加え合わすと（つまり完成品五十の合計必要労働者数は）六人を得る。これを法とする。矢五十を実とする。実を法で割る。

【24】今、貸し農地（仮田）が有る。初年の賃貸料は三畝《せ》で一銭、次年は四畝で一銭、三年目は五畝で一銭であり、三年分すべての賃貸料として百銭を得た。問う、すると田の面積はいくらか。

答えは、一頃二十七畝と四十七分の三十一畝である。

術すなわち計算法は、まず（計算盤上に）畝数と銭数をそれぞれ置き、各年次の畝数（この場合はすべて一）に、他のそれぞれの年次の銭数を掛け合わせ（二十銭、十五銭、十二銭）、それを加え合わせて法（四十七銭・今有術の所有率）とする。畝数をたがいに掛け合わして（斉同術の同、今有術の所求率、六十畝）、また百銭（今有術の所有率）を掛け、実を法で割るのである。

【25】今、農作業が有る。一人一日の労働能率は荒畑の草刈りなら七畝、一人一日で耕せる労働量は三畝、一人一日の種の植え付け作業なら五畝である。そして今、一人に一日のうち草刈りと耕しと種まきのすべての一連作業をさせたいのだが、問う、すると何畝の田を仕上げれるか。

答えは、一畝百十四歩（平方歩）と七十一分の六十六歩である。

術すなわち計算法は、まず（計算盤上に）草刈り、耕し、種まきのそれぞれの数値を置いて、それとは他の作業の人数を掛け合わし、それを合計して法とする。畝（一畝＝二百四十歩）の数を掛け合わし、実とする。実を法で割るのである。

【26】今、五つの渠《みぞ》（用水路）から水が注ぎ込む池がある。第一の渠の水門を開くと三分の一日で池を満たす。次の渠なら一日、その次なら二日半、その次は三日、さらに次は五日で池を満たす。そして今、すべての渠の水門を同時に開く。そこで問う、池は何日で満水となるか。

答えは、七十四分の十五日である。

術すなわち計算法は、まず満数（各渠が一日に何回池を満たす能力があるか、三分の一日なら一日三満）を置いて、それを合計して法とする。そして一日を実として、実を法で割る。

其一術別な計算法として、日数および満数をならべて置いて（三分の一日で一満は一日三満、次は一日一満、次は二日半で一満つまり五日で二満、次は三日一満、次は五日一満）、各渠の日数にそれとは他の渠の各満数をたがいに掛け合わし、それを合計して法とする。日数すべてを掛け合わして実とする。実を法で割るのである。

【27】今、米を持って三つの関所を通る人が有る。外の関所は三分の一の税を取り、中の関所は五分の一の税を取り、内の関所は七分の一の税を取る。そして米五斗が残ったのだが、問う、もともと持っていた米はいくらか。

答えは、十斗九升と八分の三升である。

術すなわち計算法は、米五斗（所有数）を置き、課税の分（収税者）の三、五、七（関税率の分母、所求率百五）を掛け、これを実とする。不課税の分（余不税者）の二、四、六（三分の二の分子の二…、所有率四十八）を掛け合わせ、法とする。実を法で割るのである。

解説——**劉徽**は【27】と【28】を**重今有術**であると説明する。したがって余米五斗に七を掛け六で割り内の関所での課税前の米数を出し、中間は問わず、これに三を掛け二で割ると外の関所での課税前の米数を得ると説明する。これは末（余米）より本（本米）を直接もとめる計算法であり、それぞれの比率があっても、中間部分は問わず、直接に中率を掛け合わして連除せよと説明する。

【28】今、金を持って五つの関所を通る人が有る。最初の関所の関税は二分の一、次の関所の税率は三分の一、その次の関所の税率は四分の一、その次の関所の税率は五分の一、また次の関所の税率は六分の一である。そして五つの関所で合計金一斤の関税をはらった。問う、すると本持っていた金（一斤＝十六両、一両＝四分、一分＝六銖）はいくらか。

答えは、一斤三両四銖と五分の四銖である。

術すなわち計算法は、まず（計算盤上に）一斤を置いて、これに課税の分の率（所税者）を通じ（各税率の分母二、三、四、五、六を掛け合わし分母七百二十を求める）たものを掛けて、実とする。また不課税の分の率（不税者）を通じ（関税をはらった残り比率の分数の分子、一、二、三、四、五を掛け合わせ分子百二十を求める)、これを課税分の率を通じた値(五百二十)から引き(分子を分母から引く)その余りを法(つまり総関税率は六分の五)とする。実を法で割るのである。

各章の各問は、古代・中世の中華帝国を支えた数学的裏付けとしても、興味深いものである。

欽定四庫全書

九章算術巻七　　晋　劉　徽　注

唐　李淳風註釈

盈不足以御隠雑互見

盈不足《えいふそく》――これによって表面に出ず隠れて複綜している数を互見し、御《おさ》める。

解説――盈不足章《えいふそくしょう》第七は、今日の**過不足算**に似た**複仮定法**（METHOD OF DOUBLE FALSE POSITION）と呼ばれる算例を集めている。たとえば【1】では、何人かで共同で物を買うのに、各人が八銭ずつ出すと三銭余り（**盈**）、七銭出すと四銭**不足**する。すると、その場合の人数と物価を問うような問題である。これは今日なら、人数を x に、物価を y として

$y = 8x - 3$　(1)

$y = 7x + 4$　(2)

として、二元一次連立方程式で容易に解くことができる。これを『九章算術』では算術的に、

出数八および七に盈不足数三、四を互乗して得る三十二、二十一を合わせた五十三を出数の差（この場合は一）で割って物価。盈不足数の和七を出数の差で割って人数を得るのである。この解法はアラビア数学書の複仮定法と同じであり、複仮定――つまり設問での出数の八と七の二つの仮定の数値を出して、表面に出ていない解答を挟み撃ちに絞りこんでいく算法である。


【1】今（いま算術的条件が）、有る。何人かが共同で物を買うのだが、各人が八銭ずつ出せば三銭余り、各人が七銭ずつ出せば四銭不足する。問う、すると人数と物の価格はそれぞれいくらか。

答えは、七人で、物の価格は五十三銭である。

【2】今（今有）、共同で鶏を買う。各人が九銭ずつ出せば十一銭余り、各人が六銭ずつ出せば十六銭不足する。問う、すると人数と鶏の価格はそれぞれいくらか。

答えは、九人で、鶏の価格は七十銭である。

【3】今、共同で璡《しん》（貴石）を買う。各人が半銭ずつ出せば四銭余り、各人が三分の一銭ずつ出せば三銭不足する。問う、すると人数と璡の価格はそれぞれいくらか。

答えは、四十二人で、璡の価格は十七銭である。

【4】今、共同で牛を買う。七家ごとに（村の中で七軒が一単位で）百九十銭ずつ出せば三百三十銭不足し、九家ごとに共同で二百七十銭ずつ出せば三十銭余る。問う、すると家の数（その村の）と牛の価格はそれぞれいくらか。

答えは、百二十六家で、牛の価格は三千七百五十銭である。

盈不足術とは、たとえば相寄って共同して物を買うような場合（類似算術的状況）での計算法である。まず（計算盤上の椅子状の桝目に）おのおのが出せばと仮定した値（所出率、【2】なら九銭と六銭）を置く。その下に余り数（十一銭）と不足数（十六銭）を置いて、それらを交差してななめに（たすき掛け）掛け合わせ（九銭×十六銭、六銭×十一銭）、これを加え合わせて実《じつ》（被除数、二百十銭）とする。余り数と不足数を加え合わせ法《ほう》（除数、二十七銭は余り、不足両仮定の出銭差）とする。もし分数部分があれば（【3】）この段階で通分しておく。また別に、おのおのが出すと仮定した値（所出率）を置いて、多い方から少ない方を引く。その余り（三銭）で、先ほどの法と実を約すと、実は物価（七十銭）であり、法は人数（九人）なのである。

解説——原文と劉徽の説明が錯綜しているが、代数的に直してみる。まずもとめる人数をx、物価をyとする。そしてa銭出すとm銭余り、b銭出すとn銭不足する。これは多元一次連立方程式となる。

$y = ax - m$ ……①

$y = bx + n$ ……②

この条件で、計算盤上にa・bを置き、その下にm・nを置く。これを、たすき掛けに掛け合わせ、それを加え合わす。

$an + bm$

これを一応の実としておく。mとnを加え合わして一応の法としておく。

$m + n$

そして基本的に$an + bm$と$m + n$の関係が、物価と人数の関係なのである。中国数学においては、なぜそうなるのかという原理への説明はなされず、アルゴリズム的な算術規則として解説されるのだが、この場合、

$(m + n)y = (an+bm)x$……①②より

の関係であり、$m + n$と$an + bm$とに約数がなければ、

$y = an + bm, x = m + n$

となる。約数があれば両者を約す必要があるのだが、この場合の関係は

$(a - b)x = m + n$

でもある。そこで、aからbを引いた値で

$m + n, an + bm$

を約す。すると、

$x = \frac{m + n}{a - b}$, $y = \frac{an + bm}{a - b}$

となり、その手順が示されている。

其一術すなわち別の計算法は、余り数と不足数を加え合わせ（余り、不足両仮定の出銭差）、実（被除数）とする。おのおのが出すと仮定した値（所出率）の多い方より少ない方を引き（一人における両仮定の出銭差）、余りを法（除数）とする。実を法で割れば（一人の差ですべての人の差を割れば）、人数を得る。この人数を、余り、不足、どちらかの所出率に掛けて、余りの場合は余り数を引き、不足の場合は不足数を加えれば、それが物価となる。

解説――この計算法が今日の**過不足算**の解き方である。

【5】今、共同で金を買う。各人が四百銭ずつ出せば三千四百銭余り、各人が三百銭出せば百銭余る。問う、すると人数と金の価格はそれぞれいくらか。
答えは、三十三人で、金の価格は九千八百銭である。

【6】今、共同で羊を買う。各人が五銭ずつ出せば四十五銭不足し、各人が七銭ずつ出せば三銭不足する。問う、すると人数と羊の価格はそれぞれいくらか。
答えは、二十一人で、羊の価格は百五十銭である。

両盈《りょうえい》、**両不足術**《りょうふそくじゅつ》も、たとえば相寄って共同して物を買うような場合（類似算術的情況）での計算法である。まず（計算盤上の格子状の桝目に）おのおのが出すと仮定した値（所出率）を置く。つぎに（**盈不足術**は余りと不足が出る算例、**両盈術**は両仮定がともに余りが出る、**両不足術**はともに不足が出る算例であるが）、その下に二つの余り（**両盈**の場合）か二つのそれぞれの不足数（**両不足**の場合）を置いて、それらを交差してななめに（たすき掛け）掛け合わせ、その出た値の多い方から少ない方を引き（両仮定の全出銭差）、余りを実（被除数）とする。もし分数部分があれば、この段階で通分しておく。また別に、おのおのが出すと仮定した値（所出率）を置いて、多い方から少ない方を引き（一人における両仮定の出銭差）、その余り（共通約数）で先ほどの法と実を約すと、実は物価であり、法は人数なのである。

解説——代数的に直せば、三パターンあるが、まずもとめる人数をx、物価をyとする。そしてa銭出すとm銭余り（あるいは不足し）、b銭出すとn銭余る（あるいは不足する）。すると次の連立方程式がたつ。

$$y = ax + m$$

$$y = bx + n$$

これを盈不足術とほぼ同様の手順で処理すれば、次の答えを得ることになる。

$$x = \frac{n - m}{a - b}、y = \frac{an - bm}{a - b}$$

其一術すなわち別の計算法は、まずおのおのが出すと仮定した値（所出率）をそれぞれ置いて、多い方から少ない方を引く（一人における両仮定の出銭差）。その余りを法（除数）とする。二つの余り数、あるいは二つの不足数の各ケースともに、多い方から少ない方を引き（両仮定のすべての人での出銭差）、余りを実（被除数）とする。実（衆人之差）を法（一人之差）で割れば、もとめる人数を得る。この人数を、どれか一つの所出率に掛けて、その特定の所出率に余りが出ていた場合は余り数を引き、不足が出ていた場合は不足数を加える。すると、それが物価となる。

【7】 今、共同で犬を買う。各人が五銭ずつ出せば九十銭不足し、各人が五十銭ずつ出せばちょうど（適足）で、余り、不足は出ない。問う、すると人数と犬の価格はそれぞれいくらか。

答えは、二人で、犬の価格は百銭である。

術（**盈適足**《えいてきそく》、**不足適足術**）すなわち計算法は、（設問の種類によって）余り数か、および不足数を実（被除数・衆人における出銭差）とする。また別に、おのおのが出すと仮定した値（所出率）を置いて、多い方から少ない方を引き（一人における出銭差）、余りを法（除数）とする。実を法で割れば、人数を得る。その物価を求めるには、ちょうど（適足）のときの値に人数を掛ければ、物価を得るのである。

解説——この類題、算例は、**盈不足術**が余り数と不足数が出る場合、**両盈**、**両不足術**が余りか不足か、二つ同じものが出る場合などに対して、一つは余りか不足か、もう一つはちょうど（適足）になる場合の類題である。**【7】**は、不足と適足のケース（**不足適足術**）であり、この四庫全書写本『九章算術』にはこの例しか載っていないが、他の刊行版本では、もう一題、余りと適足（**盈適足術**）の算例が載っている。「共同で豚を買う場合、各人が百銭出すと百銭余り、九十銭で適足である。すると答は、十人と九百銭」という問題がそれである。

解説――以上の七題が一種の**過不足算**の算例であって、以下の十二題は、いわゆる**複仮定法**の演算術になる。しかし基本的に、**盈不足術**の計算法と、ほぼ一致する。

【8】今、十斗（一斛）の桶の中に、その量はわからないが、いくらかの米（糲米）が有る。この桶が一杯になるまで粟（粟と糲米の粟米章での比率は五十対三十）を中添えとして加えて、これを混ぜて一緒に舂《うすづ》いたら米七斗を得た。問う、すると故の米の量はいくらか。

答えは、二斗五升である。

術すなわち計算法は、**盈不足術**でこれを求めるのである。仮りに（解答者が直観で**盈不足術**のような二つの仮定、所出率を任意に設定して）、もし故の米が二斗とすれば（その仮定値を設問に当てはめ検算してみると）、二升不足することになる。仮に故の米が三斗とすれば、二升余る（従って、二つの所出率で余り数と不足数が出る算例に整理し直し、**盈不足術**等で解く）。

解説――この種の問題は、現在なら二元一次連立方程式で簡単に解けるが、『九章算術』での方法は二度仮定を繰り返すから、**複仮定法**（METHOD OF DOUBLE FALSE POSITION）と呼ばれ、アラビアの数学者などにもみえる古典的な算術思考である。この演算プロセスは**盈不足術**と一致する。代数的に直すと、この問題は、故の米の量をxとすれば、

$$x + \frac{30}{50}(10 - x) - 7 = 0$$

という一次方程式になる。複仮定法では、この一般的なxの一次方程式

$$f(x) = mx - n = 0$$

を解くため、f(x)が与えられているから、まずxを二個仮定して、その仮定の場合の一次方程式の値のf(x_1)とf(x_2)をまず求める。x_1ならa不足し、x_2ならb余るとすれば、結果として

$$x = \frac{bx_1 + ax_2}{a + b}$$

となる。【8】から以下、すべてこの**複仮定法**（**盈不足術**）による計算法であるが、いちいち方程式をたてなくても、計算盤上の操作で直観的に、手早く演算できるようになっている。数学は原理と一般に強く、算術は個別と現象に強いということなのだろう。

【9】今、高さ九尺の垣《かき》が有る。瓜《うり》がその上に生えているのだが、その蔓《つる》は下向きに一日に七寸ずつ伸びる。また瓢箪《ひょうたん》が垣の下に生えており、その蔓は上向きに一日に一尺ずつ伸びる。問う、すると両者は何日で相逢うか、また、そのときの瓜と瓢箪の蔓の長さはそれぞれいくらか。

答えは、五日と十七分の五日であり、

瓜の蔓は三尺七寸と十七分の一寸、
瓢箪の蔓は五尺二寸と十七分の十六寸である。

術すなわち計算法は、仮りに（直観的に、任意に）五日と仮定すれば五寸不足（五日間の両者の成長の合計は、九尺に五寸不足）し、仮りに六日とすれば一尺二寸余る（従って、この二つの仮定で算出したデータをもとに、**複仮定法**による演算、**盈不足術**を行なう）。

【10】今、一日目に三尺生長する蒲《がま》と、やはり一日目に一尺生長する莞《いぐさ》が有る。この蒲は一日ごとに伸び率が前日の半分になり、また莞《いぐさ》は逆に一日ごとに伸び率が前日の倍になる。問う、すると両者は何日で長さが等しくなるか、また、そのときの両者の長さはいくらか。

答えは、二日と十三分の六日で、
両者の長さは四尺八寸と十三分の六寸である。

術すなわち計算法は、仮りに二日とすれば一尺五寸不足し、仮りに三日とすれば一尺七寸半余ることになるのである。

【11】今、一斗あたり五十銭の高級酒（醇酒）と、一斗あたり十銭の大衆酒（行酒）が有る。きっちり三十銭で、高級酒、大衆酒合わせて二斗の量を得たいのだが、問う、すると高級酒と大衆酒の量は、それぞれいくらか。

答えは、高級酒は二升半である。

大衆酒は一斗七升半である。

術すなわち計算法は、仮りに高級酒五升で大衆酒一斗五升（合計二斗）とすれば、予算より十銭多くなり（余り）、仮りに高級酒二升で大衆酒一斗八升ならば、予算より二銭不足することになる。

【12】 今、大きな器《うつわ》五個と小さな器一個の合計容量は三斛《こく》であり、また大きな器一個と小さな器五個の合計容量は二斛である。問う、すると大小の器の容量は、それぞれいくらか。

答えは、大きな器の容量は二十四分の十三斛であり、

小さな器の容量は二十四分の七斛である。

術すなわち計算法は、仮りに大きな器の容量が五斗とすれば、亦小さな器の容量も五斗になる（合計容量三斛より大器五個の二斛五斗を引くと余り五斗が小器の容量）のだが、この仮定の場合は、十斗余る。そこで（直観的な見当で）仮りに大きな器を五斗五升とすれば、小さな器は二斗五升になるが、この仮定の場合なら、二斗不足することになる。

【13】 今、漆《うるし》三で油四と交換できる。また（漆工作業で）油四は漆五を融《と》かす。そして今、漆三斗が有り、その一部分を油と交換して、その油で残った漆を融かしたいのだが、問う、すると漆

をいくら出し、どれほどの油を得たらよいか、またその油はいくらの漆を融かせるか。
答えは、漆を一斗一升と四分の一升出し、

油を一斗五升得て、

漆、一斗八升と四分の三升を融かす。

術すなわち計算法は、仮りに漆を九升出すとすれば六升不足し（漆三斗から九升出すと油一斗二升を得て、これは漆一斗五升を融かせるが残っている漆は二斗一升だから六升不足）、仮りに一斗二升を出すとすれば二升余ることになる。

【14】 今、玉《ぎょく》の一立方寸の重さは七両であり、石の一立方寸の重さは六両である。そして今、一辺三寸の立方体（体積二十七立方寸）の石（原石）の中に玉が含有されているのだが、その重さは玉と石を合わせて十一斤である。問う、すると玉と石の重さ（一斤＝十六両）は、それぞれいくらか。

答えは、玉は体積十四寸（立方寸）で重さは六斤二両、

石は体積十三寸（立方寸）で重さは四斤十四両である。

術すなわち計算法は、仮りに全部が玉だと考えた場合は十三両となり（合計百八十九両となり、十一斤つまり百七十六両より十三両多い）、また仮りに全部を石だと考えた場合は十四両不足する。不足分の数が玉の体積であり（つまり一立方寸の体積が玉は七両、石は六両で、一両差とい

う、多分、算術演習の慣習的条件の為)、多い分の数が石の体積となる。これに一立方寸あたりの玉と石の重さを掛ければ、玉と石の重さを得るのである。

【15】今、善田一畝の価格は三百銭であり、悪田七畝の価格は五百銭である。そして今、善田と悪田を合わせた一頃(百畝)の価格が一万銭であった。問う、すると善田と悪田の面積は、それぞれいくらか。

答えは、善田は十二畝半であり、
　　悪田は八十七畝半である。

術すなわち計算法は、仮りに善田が二十畝で悪田が八十畝ならば、千七百十四銭と七分の二銭ほど(一万銭より)多くなり、また仮りに、善田が十畝で悪田が九十畝の場合の試算をしてみると、五百七十一銭と七分の三銭不足することになる。

【16】今、黄金九枚と白銀十一枚の重さがちょうど等しい。そこで、その一枚ずつを取り替えてみると、こんどは金の方(金八枚と銀一枚)が十三両軽くなった。問う、すると金と銀の一枚の重さは、それぞれいくらか(一斤＝十六両、一両＝二十四銖)。

答えは、金の重さは二斤三両十八銖であり、
　　銀の重さは一斤十三両六銖である。

術すなわち計算法は、仮りに黄金が三斤で白銀が二斤と十一分の五斤の場合（つまり金と銀の総量がどちらも二十七斤の仮定で算出）は、四十九不足（十一分の四十九斤、つまりこの仮定で金と銀を一枚ずつ取り替えた新しい差は金と銀の重さの差の二倍であり、これは十一分の百九十二両であって、十三両つまり十一分の百四十三両より分子が四十九不足）する。この一連の数値を計算盤上の右の行にならべる。また仮りに黄金が二斤で白銀が一斤と十一分の七斤の場合（金と銀の総量がどちらも十八斤の仮定で算出）は、十五多い。これらの一連の数値を左の行にならべる。そして分母（十一）を各行の中央の数（白銀）に掛ける（分数を整理する）。余り数と不足数を（盈不足術の演算プロセスで）それぞれ仮定した値（金と銀の所出率）と、交差してななめに掛け合わせ、それを加え合わせて実（被除数）とする。余り数と不足数を加え合わせて法（除数）とする。実を法で割れば、黄金の重さを得る。分母（十一）を法に掛けて、実（白銀の）を割り、銀の重さを得る。余りは約分しておく。

解説——この手順のとおりに計算盤上にならべると、つぎのようになる。

	右行	左行
黄金	3	2
白銀	$2\frac{5}{11}$	$1\frac{7}{11}$
盈不足	49	15

これに白銀の分母の十一を掛けて、仮分数に直し、**盈不足数**（仮分数の分子部分）を導く。

	黄金	白銀	盈不足
右行	3	27	49
左行	2	18	15

以後は**盈不足術**を適用させるが、白銀の場合は、先ほど掛けた分母を元に戻しておく必要がある。つまり黄金の重さは、

$(3 \times 15 + 2 \times 49) \div (49 + 15)$

の手順であり、白銀の重さは実を分母で割っておくか、法に分母を掛けてから、その後に、

$(27 \times 15 + 18 \times 49) \div (49 \times 11 + 15 \times 11)$　の手順で算出する。

【17】今、良馬と駑馬《どば》とが長安（首都）を同時に出発して斉《せい》（山東省）に至《むか》った。斉は長安を去ること三千里（中国里）である。良馬は初日に百九十三里を行き、その後は一日ごとに十三里ずつ増え（スピード・アップ）、駑馬は初日に九十七里を行き、その後は一日ごとに半里ずつ減る（スピード・ダウン）。そして良馬は先に斉に至ると、すぐ引き返して駑馬を迎えに行った。問う、すると両馬は何日で相逢うか。また、その時、それぞれいくらの距離を行っていたか。

答えは、十五日と百九十一分の百三十五日で、

良馬の行ったのは、四千五百三十四里と百九十一分の四十六里、
駑馬の行ったのは、千四百六十五里と百九十一分の百四十五里である。

術すなわち計算法は、仮りに十五日とすれば三百三十七里半不足（十五日の良馬行四千二百六十里は引き返し距離が千二百六十里で、十五日の駑馬行千四百二里半であるから、合計しても三千里に不足）する。また仮りに十六日とすれば、百四十里多くなる。その不足数と余り数を（**盈不足術**の演算プロセスで）それぞれ仮定した値（十五と十六）と、交差してななめに掛け合わせ、それを加え合わせて実（被除数）とする。余り数と不足数を加え合わせて法（除数）とする。実を法で割れば、日数を得る。割り切れないところは、最大公約数（等級）で約分して分数にする。

【18】今、銭を持って蜀《しょく》（四川省）に商売に行った人が有る。商業利益は十に対して三であった。最初に一万四千銭を国元に送り返し、次に一万三千銭を送り返し、次に一万二千銭を送り返し、次に一万一千銭を送り返し、最後に一万銭を送り返して、凡《すべ》てで五回送り返すと、元金利益ともに無くなった。問う、すると本《もと》持っていた銭と、および得た合計の利益は、それぞれいくらか。

答えは、本の銭は、三万四百六十八銭と三十七万千二百九十三分の八万四千八百七十六銭、利益は、二万九千五百三十一銭と三十七万千二百九十三分の二十八万六千四百十七銭である。

術すなわち計算法は、仮りに本の銭を三万銭（元利合計三万九千銭になる）とすれば、千七百三十八銭半不足（この仮定で各回の返金と残り銭と新しい利益を毎回計算すると、四回目

で八千二百六十一銭半で、五回目の一万銭に不足）し、四万銭とすれば三万五千三百九十銭八分ほど多くなるということである。

【19】今、厚さ五尺の垣が有る。二匹の鼠が両側から向い合ってこれに穴を穿《うが》つのだが、大鼠は初日に一尺を穿ち、小鼠も亦《また》初日に一尺を穿つ。そして大鼠は一日ごとに前日の二倍ずつを穿ち、小鼠は逆に一日ごとに前日の半分ずつを穿つ。問う、すると何日で相逢うか、また、それぞれの穿った長さはいくらか。

答えは、二日と十七分の二日で、

大鼠は三尺四寸と十七分の十二寸を穿ち、

小鼠は一尺五寸と十七分の五寸を穿つ。

術すなわち計算法は、仮りに二日とすれば、五寸不足し、また仮りに三日とすれば三尺七寸半の余りが有るということである。

解説――四庫全書本テキストでは、この章は合計十九問となっているが、それを在野の立場で編纂した考証学者**孔継涵**の「微波榭叢書」刻本などでも全二十問になっていて、第七問に「今、共同で豚を買う。各人が五銭出すと九十銭不足するが、各人が五十銭出すと適足（ちょうど）である。問う、すると人数と豚の価格はそれぞれいくらか。答えは、十人で豚の値は九百銭である」がある。四庫全書本では、そのため全二四五問となるが、この普及本では二四六問ということになる。

欽定四庫全書

九章算術巻八

晋　劉　徽　注

唐　李淳風註釈

方程以御錯糅正負

方程《ほうてい》――これによって未知数の錯糅する正・負の数を御《おさ》める。

解説――古代中国数学の一つの特徴に、碁盤状の正方形の桝目を格子のように並べた計算盤（EXCHEQUER）の使用がある。このことがその数学に特殊な形態を与えることになったのだが、**方程**とは計算盤上に**方**《ほう》（四角）に**程**《わりあて》るとの意味である。今日の**方程式**という言葉の語源がこれである。その方法は、代数方程式の数係数を格子状にならべることによって、数学方程式の組織的な解法を定式化したものである。これはヨーロッパ数学が十九世紀のなかごろまで実現できなかった行列演算に先んじたものであり、任意個の未知数を持つ連立方程式を、今日の消去法によって機械的に行なえるようにしたものである。たとえば【4】の、

$$5x - 7y - 11 = 0$$

$$7x - 5y - 25 = 0$$

と並べられた形になる連立式は、

$$\begin{bmatrix} 5 & -7 & -11 \\ 7 & -5 & -25 \end{bmatrix}$$

という2行3列の行列を構成する。このどれかの列を消去すれば2行2列の行列を得ることができ、一つの未知数だけの一元一次式に直して解を求めることができるが、格子状配列でxの列の係数を消した結果を$D(x)$で表わせば、次の形になる。

$$D(x)\ \begin{bmatrix} -5 & -11 \\ -5 & -25 \end{bmatrix} \quad D(y)\ \begin{bmatrix} 5 & -11 \\ 7 & -25 \end{bmatrix} \quad D(n)\ \begin{bmatrix} 5 & -1 \\ 7 & -5 \end{bmatrix}$$

現在、この配列例に、

$$\begin{vmatrix} a_1, & b_1 \\ a_2, & b_2 \end{vmatrix} = a_1b_2 - a_2b_1$$

という型値に従って数値を対応させれば、2次の行列式である。これを

$$\frac{x}{D(x)} = \frac{y}{D(y)} = \frac{-1}{D(n)}$$

の形を作って計算すれば、方程式の正しい解が得られる。『九章算術』の方法も、これとほぼ同一である。行列式もそうだが、演算法さえしっかり記憶しておけば、手早く、そして、さし

て頭はいらない。また本章では正負と負数計算が自由に行なわれている。ヨーロッパ数学で、**負数**が正数やゼロとともに**数字に数えられるように**なったのは、十七世紀の**デカルト**以後であるから、これは多元一次連立方程式の組織的解法を確立したことと並んで、中国数学史の先進的成果である。

【1】今、上禾《か》（穀物の上等のいなたば）が三束《たば》、中禾《か》が二束、下禾《か》が一束有り、その実《もみ》は合計三十九斗である。ところが上禾が二束、中禾が三束、下禾が一束なら実《もみ》は三十四斗となる。また、上禾が一束、中禾が二束、下禾が三束なら実《もみ》は二十六斗となる。問う、すると上・中・下禾のそれぞれの一束あたりの実《もみ》はいくらか。

答えは、上禾は九斗と四分の一斗、
　中禾は四斗と四分の一斗、
　下禾は二斗と四分の三斗である。

術すなわち計算法は、――①まず（計算盤上）に上禾三束、中禾二束、下禾一束、実《もみ》三十九斗のそれぞれの数値を、右行に（縦列に）置きならべる。さらに中行（二、三、一、三十四）と左行（一、二、三、二十六）も右行と同様に列べる（未知数三個のため三列）。――②右行の上禾（三）を中行の各数値にあまねく掛け（二×三、三×三、一×三）、――③それを右行で直除する（中行の上禾がゼロになるまで、つまり中行の最上位の未知数を消去するまで、中行の上禾を右行の上禾で、同様に中禾を中禾で、下禾を下禾で繰り返し、この場合は二度引く――新中行は〇、五、一、二十四)。――④また同様につぎの行(左行)に対しても、同じ演算操作を行ない(右行上禾の三を左行各数値に掛け)、――⑤それを直除する(左行の最上位を消去する――新左行は〇、四、八、三十九)。

解説――**劉徽**は**方程術**のこの部分についてつぎのように説明する。この計算法の意味(原理)は、まず、少行(前行)を多行(次行の各数値に前行の最上位の数を掛けた新行)から相減《げん》ずるのを反覆すれば、則《すなわ》ち、次行の頭位(縦列の最上位の値)が必ず尽きる(例えば新中行上禾六の値は右行上禾三の倍数であり反復して引けば必ずゼロとなる)。その行の最上位が無くなったということは、則ち、その行の一物(一つの未知数)が闕《か》けたということである。しかし比率をなすように掛け合わせてから相減じたのであって、余数(新しい係数・解)の課《わりあて》を害するものではない(方程式の根《こん》はそのままである)。つまり頭位(その列の最上位)を消去(相除)すれば、則《すなわ》ち、その行の最下位は一物(一つの未知数)を去った実《じつ》(方程式の定数項)となるのである(多元連立式の元数を減らす)。このような令(演算)を繰り返して左右の行を相減じて、その正負(正数と負数)を審《つまびら》かにしていけば、則《すなわ》ち、知りたい演算の値を得ることができる。さらになお、この演算プロセスの原理は、基本的に方田章第一の【9】の**斉同術**と同じ意味(原理)があるが、ここでは簡易な**直除の法**に従う、と説明する。

然るのち、――⑥中行中禾の新しい値（もとの中行中禾の三に右行上禾三を掛け右行中禾の二を二度引いた値の五――前行の最上位となる）を、遍《あまね》く左行に掛け（○×五、四×五、八×五、三十九×五）、而《しこう》して、――⑦以《も》って直除する（○、○、三十六、九十九）。さて、すると、左行の下禾にあたる算出された新しい数値は、列の上位（三十六、下禾の束数）を法（除数）とし下位（九十九、実の量）を実（被除数）とすれば、即ち（36z ＝ 99）、下禾の実（一束あたりの実の量の解）となるのである。――また、⑧中禾を求めるには、先ほどの法（三十六、左行の下禾）を中行に掛け（○、百八十、三十六、八百六十四）、――⑨その中行の最下位の数値である実（定数項）から下禾の実（九十九）を引くのである（つまり新中行を新左行で直除する）。――⑩その直除の余り数（中行の新数値）をかって掛けた中禾の束数（五、約数）でそれぞれ割ると（○、三十六、○、百五十三）、即ち（その列の上の値を法とし下の値を実として）中禾の実（この場合は方程式の解の意 36y ＝ 153）である。――また、⑪上禾を求めるには、同様に、先ほどの法（三十六）を右行に掛け（百八、七十二、三十六、千四百四）、――⑫その右行の最下位の数値である実（定数項）から下禾の実と中禾の実（九十九と百五十三）を引くのである（つまり新右行を新左行と新中行で直除する――この場合は新左行は一度、新中行は二度引いて新右行の数値をゼロにする）。――⑬その直除の余り数（百○八、○、○、九百九十九）をかって掛けた上禾の束数（三、約数）で割ると（三十六、○、○、三百三十三）、即ち（その列の上を法とし下を実として$36x=333$）上禾の実《もみ》である。計算盤上には各行の最終数値が出そろっているが、すべて皆、実《じつ》（各行の下位）を法《ほう》（各行の上位）で割れば、それぞれの一束あたりの斗数（方程式の根）を得るのである。

解説——現代の私たちが用いる**方程式**という言葉の、**方程**とは、勿論この『九章算術』巻八の**方程章**を語源としているのだが、**劉徽**の注釈では、**程**とは**課程**《わりあて》との意味である。計算盤上で二物（二つの未知数）なら二程、三物（三つの未知数）なら三程のように物の数だけ程をなして、並んで行を為す。四角い碁盤状（格子状）の計算盤の上に各行を並べ、各行が比率をなすその数値を整理し、与えられた演算手順を進めるから、ゆえに**方程**と謂うのである、と説明している。つまり『九章算術』の計算法は現在の記号代数である**方程式**とは少し意味がちがって、布で作った計算盤上の演算（布算・器具代数）であるが、しかし根底となる数学思考は、ほぼ同一である。【1】は、現行式では、上禾をx、中禾をy、下禾をzとして、

$$\begin{cases} 3x+2y+y=39 \\ 2x+3y+y=34 \\ x+2y+3y=26 \end{cases}$$

の三元の一次連立方程式となる。これをxやyを用いた記号代数の未知数としてではなく、その係数や定数項を、算木を格子状の計算盤の桝目に、その未知数の数ほどの行をたてて、たと

えば【1】なら、

三　二　一　三十九

二　三　一　三十四

一　二　三　二十六

とならべて布算表示して、各行を比較計算、各行の最上位を消去して一つの未知数の式を洗い出すのが**方程術**の方法なのである。二千年以上も前の古代数学の技法としては、実に洗練された興味深い算術成果であり、以下、本分中の布算の手順——連立一次方程式解法のアルゴリズムを辿ってみると次のようになる。

①

左行	中行	右行	
1	2	3	上
2	3	2	中
3	1	1	下
26	34	39	実

②

左行	中行	右行	
1	6	3	上
2	9	2	中
3	3	1	下
26	102	39	実

③

左行	中行	右行	
1	0	3	上
2	5	2	中
3	1	1	下
26	24	39	実

④

左行	中行	右行	
3	0	3	上
6	5	2	中
9	1	1	下
78	24	39	実

⑤

左行	中行	右行	
0	0	3	上
4	5	2	中
8	1	1	下
39	24	39	実

⑥

左行	中行	右行	
0	0	3	上
20	5	2	中
40	1	1	下
195	24	39	実

⑦

左行	中行	右行	
0	0	3	上
0	5	2	中
36	1	1	下
99	24	39	実

⑧

左行	中行	右行	
0	0	3	上
0	180	2	中
36	36	1	下
99	874	39	実

⑨

左行	中行	右行	
0	0	3	上
0	180	2	中
36	0	1	下
99	765	39	実

⑩

左行	中行	右行	
0	0	3	上
0	36	2	中
36	0	1	下
99	153	39	実

⑪

左行	中行	右行	
0	0	108	上
0	36	72	中
36	0	36	下
99	153	1404	実

⑫

左行	中行	右行	
0	0	108	上
0	36	0	中
36	0	0	下
99	153	999	実

⑬

左行	中行	右行	
0	0	36	上
0	36	0	中
36	0	0	下
99	153	333	実

$$36x=333$$
$$36y=153$$
$$36z=99$$

上禾（x）$=\frac{333}{36}=9\frac{1}{4}$

中禾（y）$=\frac{153}{36}=4\frac{1}{4}$

下禾（z）$=\frac{99}{36}=2\frac{3}{4}$

以上の布算操作によって、三つの未知数を持つ問題（三元の一次連立方程式）を最終的に⑬で、それぞれ一つの未知数の形に分解し、組み直したのである。⑬は各未知数の係数がすべて三十六であるが、吉数であり、なかなかスマートな出題である。

【2】今、上禾七束《かたば》が有る。これから実《もみ》一斗を損《へ》らし、それに下禾二束を益《ま》すと、実十斗となる。また下禾八束が有り、これに実一斗と上禾二束を益すと、実十斗となる。問う、すると上・下禾の一束あたりの実は、それぞれいくらか。

答えは、上禾一束の実は一斗と五十二分の十八斗、

下禾一束の実は五十二分の四十一斗である。

術すなわち計算法は、**方程術**である。しかし設問においての損《へ》らしたとの表現は、実際の計算では数値を益《ま》すことであり、逆に、益《ま》したとは実際の計算では数値を損《へ》らすことである。つまり実《もみ》を一斗損《へ》らしたとは、その実《じつ》（定数項）が十斗を越えた（上禾七束と下禾二束で実十一斗と同じ）という意味であり、実《もみ》を一斗益《ま》したとは、その実《じつ》（定数項）が十斗に満たない（上禾二束と下束八束で実九斗と同じ）という意味になるのである。

解説――現行式に直して上禾をx、下禾をyとすれば次のようになる。

$$\begin{cases} 7x + 2y = 11 \\ 2x + 8y = 9 \end{cases}$$

以下、各題とも計算盤上の算木布置を図示する。

上	下	実	
7	2	11	右行（上禾を算出する行）
2	8	9	左行（下禾を算出する行）

【3】今、上禾《か》が二束《たば》、中禾が三束、下禾が四束有るが、それぞれの実《もみ》はみな一斗に満たない。ところが、上禾（二束）に中禾を、中禾（三束）に下禾を、下禾（四束）には上禾をそれぞれ一束ずつ取って加えれば、それぞれの実《もみ》の合計量はちょうど一斗となる。問う、すると上・中・下禾の一束あたりの実は、それぞれいくらか。

答えは、上禾一束の実は二十五分の九斗、
中禾一束の実は二十五分の七斗、
下禾一束の実は二十五分の四斗である。

術すなわち計算法は、**方程術**である。これは（負数やゼロを加減乗除する計算が必要な算例）、まず（計算盤上に）それぞれ取って加えた所の数を置き、**正負術**でこれを入算する。

	右行	中行	左行
上	**2**		1
中	1	**3**	
下		1	**4**
実	1	1	1

解説——原文だけではよく理解できないが、**劉徽**は次のように注釈する。つまり計算盤の上に、上禾二束を右行の上に（右行が最終的に上禾を算出する列で、一番上が上禾の数を入れる位置）、中禾三束を中行の中に、下禾三束を左行の下に置く。取って加えた所の数および実《もみ》一斗などの数値も、それぞれ所定の位置（其位）に従って置く。設問のパターンが、布算の際に諸行がたがいに数を借り取る場合（設問が他の物を借りて定数項の数に達する算例、つまり一つの式に複数の未知数を持つ）は、みなこの並べ方の例（手順）に依る、と説明する。そして算木の置かれていない桝目の空白が**ゼロ**（**無入**）である。また負数計算が必要な場合は、正数は赤い算木で、負数は黒い算木で置くか、あるいは正数の算の上に斜めに算木を一本置いて負数である符号とする。

正負術という演算操作とは、まず（減法の法則として）、**同名は相除**し（同名つまり各行の最上位が正数どうし、負数どうしなら計算盤上の方程演算で各行を引き最上位を消去)、**異名は相益《ま》す**(正数と負数の場合は加える)。また**ゼロ**(**無入**・桝目の空白)から正数を引くときは、これを負数とし、逆に、ゼロから負数を引くときは、これを正数とする。其《そ》の演算操作の別種の方法として(加法の法則として)、異名は相除(減算)し、同名は相益す。またゼロに正数を加えるときは、これを正数とし、ゼロに負数を加えるときは、これを負数(正数は赤い算木、負数は黒い算木)にする(10頁参照)のである。

解説――ゼロの発見はインド数学史の成果とされる。アーリア系の古代インド支配層は古くから東西交易に活躍していたが、その国際貿易の必要から、各地で色々と差のあった記数法を共通化せねばならず、そのためゼロ――サンスクリット語の「欠けている」という意味のスンヤ(SUNYA)概念を発明した。このスンヤは十世紀にアラビアでシフル(SIFR)と翻訳され、さらに十三世紀にイタリアでラテン語化されてゼフィルム(ZEPHIRUM)となり、最終的にゼロ(ZERO)というイタリア語となった。『九章算術』においても記号化、数字化はされていないが、桝目の空白(**無入**)でゼロ概念を表現し、事実上のゼロ演算が展開されている。あるいは「**無入**」がゼロを語る数学用語かもしれない。この【3】の本文の前段は減法の法則、後段は加法の法則を述べているが、さらに負数の計算が取扱われている。ヨーロッパ数学で負数が登場するのは十七世紀のデカルト以後とされるが、中国数学においては、その千七・八百年前にすでに四則計算に取り入れられていたのである。ただしヨーロッパ数学では方程式の負数根も求められたが、中国においては十九世紀になるまで正数根しか対象にされなかった。ともかく、この負数計算の確立は中国数学史の偉大な成果であり、中国の数学が古くから高次の発達を遂げていたことを物語る。前段の「**同名相除**」とは仮りに、

$a > b > 0$

として

$\pm a - (\pm b) = \pm(a + b)$

「**異名相益**」とは

$\pm a - (\pm b) = \pm(a + b)$

を意味する。またゼロからの演算（減法）は「**正無入負之**」とは

$0 - (\pm b) = -b$

「**負無入正之**」とは

$0 - (-b) = b$

との意味である。後段は加法の法則を述べているが、こんどは逆に「**異名相除**」となって、これは

$\pm a + (\pm b) = \pm(a - b)$

の意味。同名の場合も「**同名相益**」となって

$\pm a + (\pm b) = \pm(a + b)$

である。またゼロへの演算（加算）では、

$0 + (+b) = b,\ 0 + (-b) = -b$

の関係を述べている。これによって負数をともなう加減乗除の計算が可能となった。

【4】今、上禾《か》五束《たば》が有る。これから実《もみ》一斗一升を損《へ》らせば、下禾七束に相当する。また上禾七束から実二斗五升を損らせば、下禾五束に相当する。問う、すると上・下禾の一束あたりの実は、それぞれいくらか。

答えは、上禾一束は五升、

下禾一束は二升である。

術すなわち計算法は、**方程術**である。ただし（問題のとおりでは$5x-11=7y$となるのを$5x-7y=11$の形に整える為）、まず計算盤の第一行に、上禾五束を正数（赤い算木）、下禾七束を負数（黒い算木か斜めに一本）、損らす実の一斗一升を正数で、上から順に置く。次の行は、上禾七束を正数、下禾五束を負数、損らす実の二斗五升を正数で置く。そして**正負術**でこれを入算する。

上

下

実

5	-7	11	初行（上禾を算出する行）
7	-5	25	次行（下禾を算出する行）

【5】今、上禾六束が有る。これから実《もみ》一斗八升を損《へ》らせば、下禾十束に相当する。また下禾十五束から実五升を損らせば、上禾五束に相当する。問う、すると上・下禾の一束あたりの実は、それぞれいくらか。

答えは、上禾一束の実は八升、

下禾一束の実は三升である。

術すなわち計算法は、**方程術**である。ただし（【4】と同じ理由で）、上禾六束を正数、下禾十束を負数、損らす実《もみ》一斗八升を正数で置く。次の行には、上禾五束を負数で、下禾十五束を正数で、損らす実五升を正数で置く。そして**正負術**でこれを入算する。

	上	下	実
初行	6	-10	18
次行	-5	15	5

【6】今、上禾三束が有る。これに実《もみ》を六升（原文の斗を升に修正）益《ま》せば、下禾十束に相当す

る。また下禾五束に実一升を益せば、上禾二束に相当する。問う、すると上・下禾の一束あたりの実は、それぞれいくらか。

答えは、上禾一束の実は八升、
　下禾一束の実は三升である。

術すなわち計算法は、**方程術**である。まず上禾三束を正数、下禾十束を負数、益す実六升を負数（誤写修正）で置く。次の行には、上禾二束を負数で、下禾五束を正数、益す実一升を負数（誤写修正）で置く。そして**正負術**でこれを入算する。

	上	下	実
右行	3	-10	-6
左行	-2	5	-1

【7】今、牛五頭と羊二頭が有り、その合計価格は金十両である。ところが牛二頭と羊五頭なら、合計価格は金八両である。問う、すると牛・羊一頭あたりの価格は、それぞれいくらか。

答えは、牛一頭あたりの価格は金一両と二十一分の十三両、
　羊一頭あたりの価格は金二十一分の二十両である。

術すなわち計算法は、**方程術**である。

	右行	左行
牛	5	2
羊	2	5
金	10	8

【8】今、牛二頭と羊五頭を売り、その銭で豚十三頭を買うと、千銭の余りが有る。ところが牛三頭と豚三頭を売って、それで羊九頭を買うと、銭はちょうど（適足）である。また羊六頭と豚八頭を売って、それで牛五頭を買うと六百銭不足する。問う、すると牛・羊・豚の価格は、それぞれいくらか。

答えは、牛の価格は千二百銭、
　羊の価格は五百銭、
　豚の価格は三百銭である。

術すなわち計算法は、**方程術**である。まず（計算盤の右行に）牛数の二を正数、羊数五も正数、豚数十三を負数、余り銭数（千）を正数で置く。次の行には、牛数三を正数、羊数九を負数、豚数三を正数で置く（定数項の銭数はゼロであり無入、空白のまま）。さらに次の行には、牛数五を負数、羊数六を正数、豚数八を正数、不足銭数（六百）を負数で置く。そして**正負術**でこれを入算する。

	右行	中行	下行
牛	2	3	-5
羊	5	-9	6
豚	-13	3	8
銭	1000	(0)	-600

【9】今、五羽の雀と六羽の燕が有って、それぞれ衡《はか》りの天秤ざおの両側に集まっている。そして、雀のグループが燕のグループよりも重い。ところが一羽の雀と一羽の燕が入れ替ったら、ちょうど同じ重さになり、天秤ざおは水平になった。このすべての雀と燕の合計の重さは一斤（十六両）である。問う、すると雀と燕の一羽の重さは、それぞれいくらか。

答えは、雀の重さは一両と十九分の十三両、
　燕の重さは一両と十九分の五両である。

術すなわち計算法は、**方程術**である。ただし（四雀一燕と一雀五燕が同じ重さで、合計一斤＝十六両であるから）、雀一羽と燕一羽の入れ替った形に配列を質《ただ》して、重さをそれぞれ八両とする。

雀	燕	重

4	1	8	右行
1	5	8	左行

【10】今、甲、乙の二人が有るが、その二人のそれぞれの所持銭はわからない。だが甲が乙の所持銭の半分（二分の一）を得ると合計五十銭となり、乙が甲の所持銭の三分の二（太半）を得ると、また同じく合計五十銭となる。問う、すると甲、乙二人の所持銭は、それぞれいくらか。

答えは、甲の所持銭は三十七銭半、

乙の所持銭は二十五銭である。

術すなわち計算法は、**方程術**である。ただし（計算盤にならべるとき）、程《わりあて》を損益しておく（分数が混じるので各配列の数値を整理する、一甲半乙で五十銭を二甲一乙で百銭に、三分の二甲と一乙で五十銭を二甲と三乙で百五十銭に、各行中の分母を行全体に掛けて整数化する）。

甲	乙	銭	
2	1	100	右行
2	3	150	左行

【11】今、馬二頭と牛一頭が有り、その合計価格は一万銭を馬一頭の価格の半分だけ過ぎる。と

ところが馬一頭と牛二頭ならば、一万銭に牛一頭の価格の半分だけ不足する。問う、すると牛・馬一頭あたりの価格は、それぞれいくらか。

答えは、馬の価格は五千四百五十四銭と十一分の六銭、

　牛の価格は千八百十八銭と十一分の二銭である。

術すなわち計算法は、**方程術**である。ただし程《わりあて》を損益しておく（【10】と同様の布算操作をすると、一馬半と一牛が一万銭を三馬と二牛で二万銭に、二牛半と一馬で一万銭を五牛と二馬で二万銭に直し、つまり程を損益して列を立てる）。

	右行	左行
馬	3	2
牛	2	5
銭	20000	20000

【12】今、武馬（強い馬）一頭、中馬二頭、下馬三頭が有る。それぞれが組になって四十石を載せた車を引いて坂道まで来たが、みな、登ることが出来なかった。ところが武馬は中馬一頭を、中馬の組は下馬一頭を、下馬の組は武馬一頭の力を借りると、みな登ることが出来た。問う、すると武・中・下馬の一頭あたりの引く力は、それぞれいくらか。

答えは、武馬一頭の引く力は二十二石と七分の六石、

中馬一頭の引く力は十七石と七分の一石、

下馬一頭の引く力は五石と七分の五石である。

術すなわち計算法は、**方程術**である。ただし（最初に縦列と横列の交差する所定の位置に各未知数の係数を置いて、つぎに）、それぞれ借りた所を置く（武馬なら右行の最上位に一を置いて、借りてきた中馬一を整数で置く）。

	武	中	下	石
右行（武馬の行）	**1**	1	0	40
中行（中馬の行）	0	**2**	1	40
左行（下馬の行）	1	0	**3**	40

【13】今、五家で共用する井戸が有る。だが甲家の綆《つるべなわ》二本は（井戸の底に届くのに）乙家綆一本分不足し、乙家の綆三本は丙家の綆一本分不足し、丙家の綆四本は丁家の綆一本分不足し、丁家の綆五本は戊家の綆一本分不足し、戊家の綆六本は甲家の綆一本分不足する。つまりそれぞれが不足の綆一本得ると、みな井底に届くのである。問う、すると井戸の深さ、各家の綆一本分の長さは、それぞれいくらか。

答えは、井戸の深さは七丈二尺一寸（一丈＝十尺）であり、

甲家の綆長は二丈六尺五寸、
乙家の綆長は一丈九尺一寸、
丙家の綆長は一丈四尺八寸、
丁家の綆長は一丈二尺九寸、
戊家の綆長は七尺六寸である。

術すなわち計算法は、**方程術**である。ただし**正負術**で入算する。

	甲	乙	丙	丁	戊	逮井回数
甲行	**2**	1	0	0	0	1
乙行	0	**3**	1	0	0	1
丙行	0	0	**4**	1	0	1
丁行	0	0	0	**5**	1	1
戊行	1	0	0	0	**6**	1

解説——五元の一次連立方程式ということであるが、この設問では定数項の条件が示されておらず、解答できない。しかし井深が七丈二尺一寸、つまり七百二十一寸であることから類推すると、まず、上図の布算のように綆数を並べて、それを一逮井（**劉徽注**）と名付ける。

つまり定数項を、それらの綆を合わせて一回井底に届いたのであるから一とする。この布算を展開すると左行の戊列の係数が七百二十一と七十六となる。これは、のべ七百二十一綆で七十六回井底に届くということであるが、この左行の法（除数）の数値と井深七丈二尺一寸が、設問において対応させてあるようである。しかし当時の算術慣習は不明であって、理由はわからない。設問に誤写・脱落がないとすれば、あるいは算学生を混乱させる教育的配慮かも知れない。

【14】今、白禾《か》の農地は二平方歩、青禾は三平方歩、黄禾は四平方歩、黒禾は五平方歩有るが、それぞれの実《もみ》はいずれも一斗に満たない。ところが白禾は青禾と黄禾を、青禾は黄禾と黒禾を、黄禾は黒禾と白禾を、黒禾は白禾と青禾をそれぞれ一平方歩分の実を取れば、いずれの実の合計量も、ちょうど一斗を満たす。問う、すると白・青・黄・黒禾の一平方歩あたりの実は、それぞれいくらか。

答えは、白禾一平方歩あたりの実は百十一分の三十三斗、
　　青禾一平方歩あたりの実は百十一分の二十八斗、
　　黄禾一平方歩あたりの実は百十一分の十七斗、
　　黒禾一平方歩あたりの実は百十一分の十斗である。

術すなわち計算法は、**方程術**である。それぞれ取った所を置いて、**正負術**で入算する。

	白行	青行
白	**2**	0
青	1	**3**
黄	1	1
黒	0	1
実	1	1

黄行	1	0	**4**	1	1
黒行	1	1	0	**5**	1

【15】今、甲禾《か》二束《たば》、乙禾三束、丙禾四束が有るが、それぞれの重さはいずれも一石を超える。そして甲禾二束は一石より乙禾一束分重く、乙禾三束は丙禾一束分重く、丙禾四束は甲禾一束分ほど重い。問う、すると甲・乙・丙禾一束あたりの重さは、それぞれいくらか。

答えは、甲禾一束の重さ二十三分の十七石、

　乙禾一束の重さ二十三分の十一石、

　丙禾一束の重さ二十三分の十石である。

術すなわち計算法は、**方程術**による。ただし重さが一石を超える数値は、計算盤の行の所定の位置に、負数で置き（たとえば甲二が一石を乙一ほど超えるとは、甲二より乙一を引けば一石である）、**正負術**で入算する。

	甲	乙	丙	重
甲行	2	-1	0	1
乙行	0	3	-1	1
丙行	-1	0	4	1

【16】今、令一人と吏五人と従者十人が有り、みなで十羽の鶏を食べる。ところが令十人と吏一人と従者五人ならば食鶏の配当は八羽であり、また令五人と吏十人と従者一人ならば食鶏の配当は六羽である。問う、すると令、吏、従者それぞれが階級に応じて配当される一人あたりの食鶏は、それぞれいくらか。

答えは、令一人の食鶏は百二十二分の四十五羽、
吏一人の食鶏は百二十二分の四十一羽、
従者一人の食鶏は百二十二分の九十七羽、

術すなわち計算法は、**方程術**である。そして**正負術**で入算する。

	令	吏	従者	鶏
右行	1	5	10	10
中行	10	1	5	8
左行	5	10	1	6

【17】今、羊五頭、犬四頭、鶏三羽、兎二羽が有り、その合計価格は千四百九十六銭である。ところが羊四頭、犬二匹、鶏六羽、兎三羽ならば、価格は千百七十五銭。また羊三頭、犬一匹、鶏七羽、兎五羽ならば、価格は九百五十八銭。また羊二頭、犬三匹、鶏五羽、兎一羽ならば、価格

は八百六十一銭である。問う、すると羊、犬、鶏、兎の一匹の価格は、それぞれいくらか。
答えは、羊の価格は百七十七銭、
犬の価格は百二十一銭、
鶏の価格は二十三銭、
兎の価格は二十九銭である。
術すなわち計算法は、**方程術**である。そして**正負術**で入算する。

	羊	犬	鶏	兎	銭
羊の行	5	4	3	2	1496
犬の行	4	2	6	3	1175
鶏の行	3	1	7	5	958
兎の行	2	3	5	1	861

【18】今、麻《ま》（ゴマの実《み》）九斗、麦《ばく》七斗、菽《しゅく》（大きな豆）三斗、荅《とう》（小さな豆）二斗、黍《きび》五斗が有り、その合計価格は百四十銭である。ところが麻七斗、麦六斗、菽四斗、荅五斗、黍三斗ならば、価格は百二十八銭。また麻三斗、麦五斗、菽七斗、荅六斗、黍四斗ならば、価格は百十六銭。また麻二斗、麦五斗、菽三斗、荅九斗、黍四斗ならば、価格は百十二銭。また麻一斗、麦三斗、

菽二斗、荅八斗、黍五斗ならば、価格は九十五銭である。問う、すると一斗あたりの価格は、それぞれいくらか。

答えは、麻一斗は七銭、
麦一斗は四銭、
菽一斗は三銭、
荅一斗は五銭、
黍一斗は六銭である。

術すなわち計算法は、**方程術**である。そして**正負術**で入算する。

	麻の行	麦の行	菽の行	荅の行	黍の行
麻	9	7	3	2	1
麦	7	6	5	3	3
菽	3	4	7	3	2
荅	2	5	6	9	8
黍	5	3	4	4	5
銭	140	128	116	112	95

解説——【18】は麻をx、麦をy、菽をz、荅をu、黍をvとした場合の次の五元の一次連立方程式となる。

$$\begin{cases} 9x + 7y + 3z + 2u + 5v = 140 \\ 7x + 6y + 4z + 5u + 3v = 128 \\ 3x + 5y + 7z + 6u + 4v = 116 \\ 2x + 5y + 3z + 9u + 4v = 112 \\ x + 3y + 2z + 8u + 5v = 95 \end{cases}$$

そして『九章算術』の方法は、これを右図のように計算盤に並べて、最上位より順次に未知数を消去して、一個の未知数と定数項の列の形として解を算出する方法である。だが**劉徽**は三世紀の新しい計算法として、定数項を消去して未知数の違比を求める方法を注釈部分で述べている。これについては朝日出版社『中国の天文学・数学集』に、川原秀城氏の解説がある。イギリスの科学史家のJ・ニーダム氏は十七世紀ヨーロッパの科学革命（scientific revolution）までは中国文明のほうがヨーロッパより優越していたと『中国の科学と文明』等で論じているが、とくに演算技法と代数分野で古くから高次の発達を遂げていた中国数学の二千年も前の水準、ロギスティックとしての一つの到達点が【18】なのであろう。

欽定四庫全書

九章算術巻九　　　　晋　劉　徽　注

唐　李淳風註釈

句股以御高深広遠

句股《こうこ》――これによって高、深、広、遠（図形数値演算と測量）を御《おさ》める。

解説――句股章《こうこしょう》第九は、主として図形計算と測量術に関する算例からなっている。黄河流域の大規模灌漑経済社会の産物である『九章算術』は、その封建官僚制社会の必要によって、農業や水利技術にともなう測量術をも集成した。句股章では、直角三角形に対するピタゴラスの定理

$$c^2 = a^2 + b^2$$

を活用した算例を中心としている。その直角三角形の短辺を「**句**《こう》」と呼び、長辺を「**股**《こ》」と、そして斜辺を「**弦**《げん》」と呼ぶ。この章では直角三角形の既知の二辺から未知の一辺を求める問題

が多く、これは**開平法**で解かれる。しかし【20】のように一次項を持つ二次方程式を解く算例も含んでいる。この解法は、当時としては画期的な高次な算例であって、十九世紀イギリスの数学者ホーナーによる数学方程式解法につながるものである。この

$c^2 = a^2 + b^2$

については、前二世紀頃の古い天文学書である『周髀算経』に後漢時代の**趙君卿**の注釈として「**句・股をそれぞれ自乗し、これを加え合わせたものを開方すると**「**弦**」**になる**」とあり、古くから数原理として知られていたようである。『九章算術』には古くは図表が付されていたようであるが、消失し、それを上図のように**載震**が考証復旧している。その法則の証明は原書にも示されてはいないが、長い経験とすぐれた直観によって、正しい結論に到達していたようである。

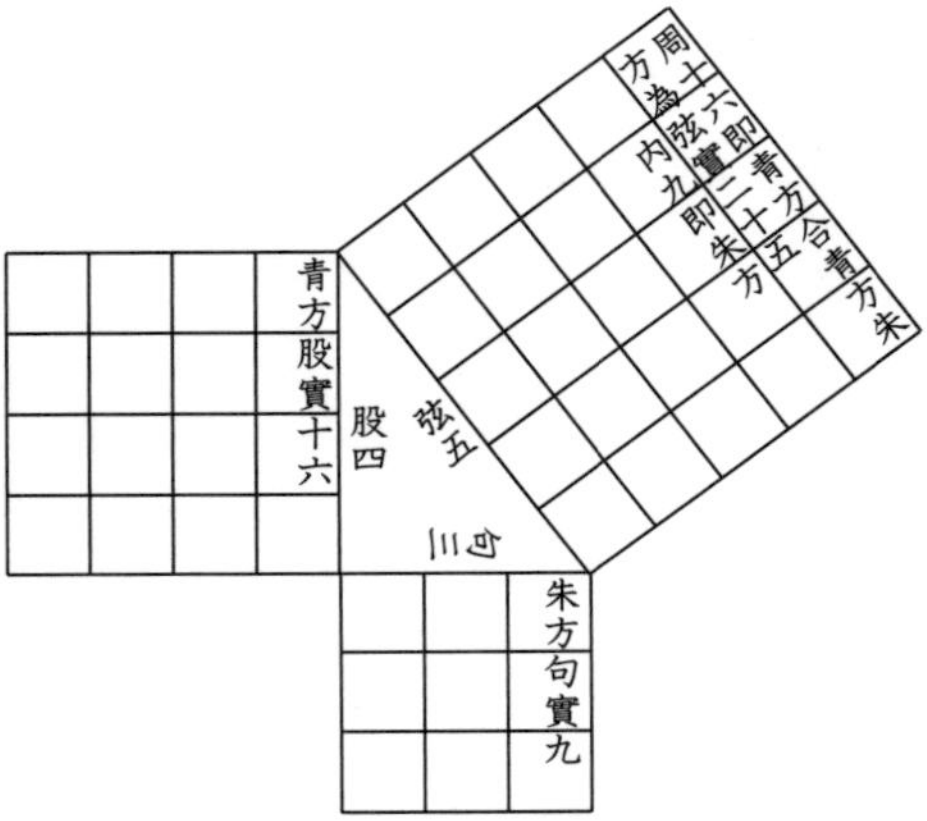

【1】今（いま直角三角形が有り）、その短辺「句《こう》」は三尺、長辺「股《こ》」は四尺である。問う、すると斜辺「弦《げん》」はいくらか。

答えは、五尺である。

【2】今（いま直角三角形が有り）、その「弦」は五尺、「句」は三尺である。問う、すると「股」はいくらか。

答えは、四尺である。

【3】今（いま直角三角形が有り）、その「股」は四尺、「弦」は五尺である。問う、すると「句」はいくらか。

答えは、三尺である。

術すなわち計算法は、「句」と「股」をそれぞれ自乗し、それを加え合わせて、開平方すれば、即ち、「弦」を得る。――また、「股」を自乗し、それを「弦」の自乗から引いて、その余りを開平方すれば、即ち、「句」である。――また、「句」を自乗し、それを「弦」の自乗から引いて、その余りを開平方すれば、即ち、それが「股」である。

解説――ピタゴラスの定理は、中国においては『孫子算経』にプライオリティがあるとされて、**孫子定理**とも呼ばれているが、ともかく、古来そのもっとも簡単な**整理解は三、四、五**であって、これは世界普遍である。【1】【2】【3】の各問は、その基本的関係を算学生あるいは官吏等に教えるための、問題形式による、その基本的数学法則の呈示であろう。だが、どうしてこの解を得たかは数学史的に解明されてはいない。おそらく、論理的演繹的な所産ではなく、長い歴史とすぐれた直観によって、正しい算術法則を確立したのであろうと考えられている。そもそも『九章算術』そのものが、一人の天才の数学的偉業の成果などではなく、二千年以上も前の黄河流域の、粟と麦作を主とした大規模潅漑経済が必要とし、その結果、徐々に集積され、形態づけられていった演算技法のエッセンスなのである。それは個人と瞬間の産んだものではなく、大衆と歴史の産み出したものであった。

【4】今、円材《まるた》が有り、その直径は二尺五寸である。これから厚さ七寸の方板をつくりたい。問う、すると、その横幅（広）はいくらになるか。

答えは、二尺四寸五分である。

術すなわち計算法は、直径二尺五寸の自乗（弦）から、七寸（句）の自乗を引き、その余りを開平方すれば、即ち、それが横幅（広、股）である。

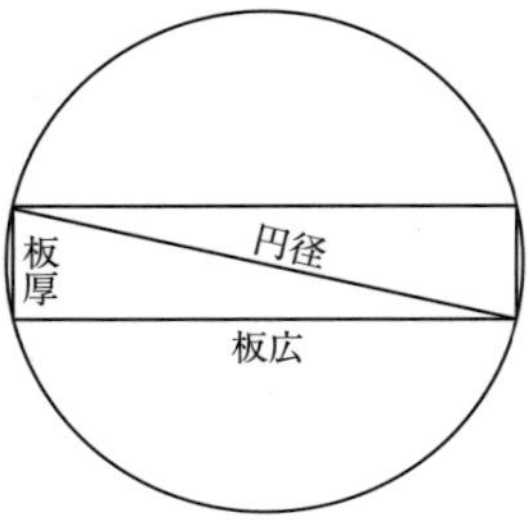

円材図

【5】今、木が有り、その高さは二丈（一丈＝十尺）、周囲は三尺である。葛《かずら》がその下に生えているが、そのつたが木に七周まきついて、木と同じ高さにまで達している。問う、すると葛のつたの長さはいくらか。

答えは、二丈九尺である。

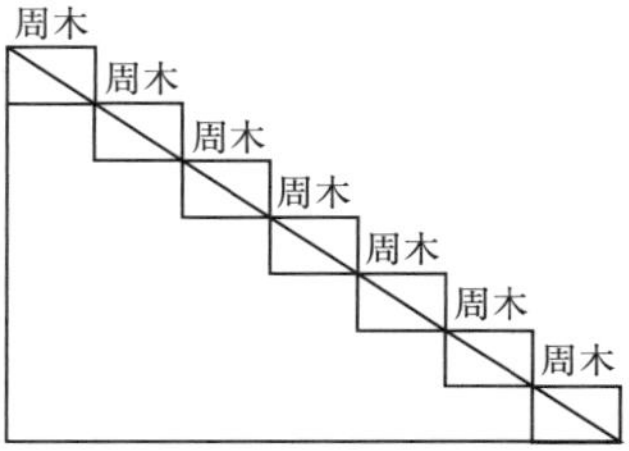

展開図

術すなわち計算法は、七周を三尺に掛けて、これを「股」とする。木の高さを「句」とする。これより「弦」を求めれば、「弦」の数値が葛のつるの長さとなるのである。

【6】今、池が有り、それは一辺が一丈の正方形である。葭《あし》がその中央に生えているのだが、その先端は水面から一尺ほど出ている。この葭を岸に赴《む》かって引っ張ると、その先端がちょうど岸に届く。問う、すると池の水深、および葭の長さは、それぞれいくらか。

答えは、水深は一丈二尺、

　葭の長さは一丈三尺である。

術すなわち計算法は、池の一辺の半分（句）を自乗し、それから出水一尺（股と弦の差）の自乗を引く。その余り（句^2－（弦－股）^{2}）を出水の長さ（正確には弦－股）の二倍で割れば、即ち、水深（股）を得る。またそれに出水分の尺数を加えれば、葭の長さ（弦）を得るのである。

解説——なかなか高度な設問である。仮りに池の一辺の半分の「句」をaに、水深の「股」をbにし、葭の長さの「弦」をcとすれば、出水の一尺は（$c-b$）である。**劉徽**は先ず**短冪**《たんべき》という中国数学の算術概念でこの演算操作を説明しているが、現行式に直せば、次のような手順

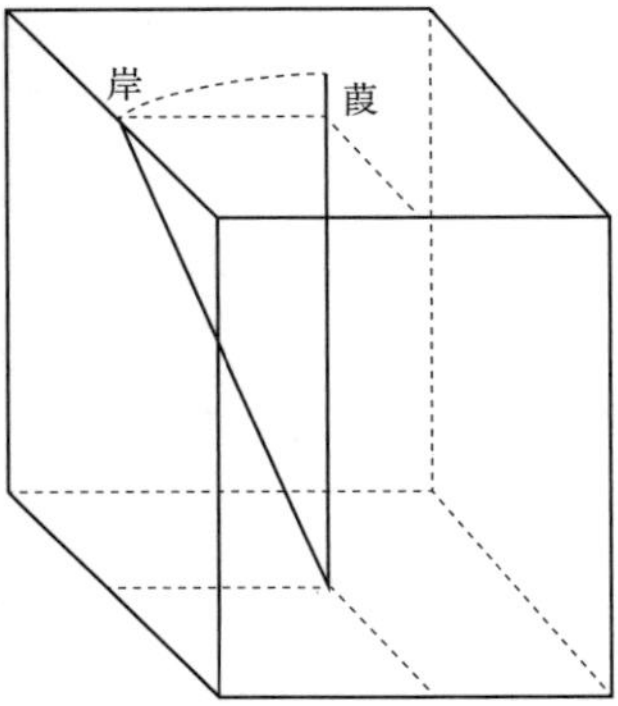

方池図

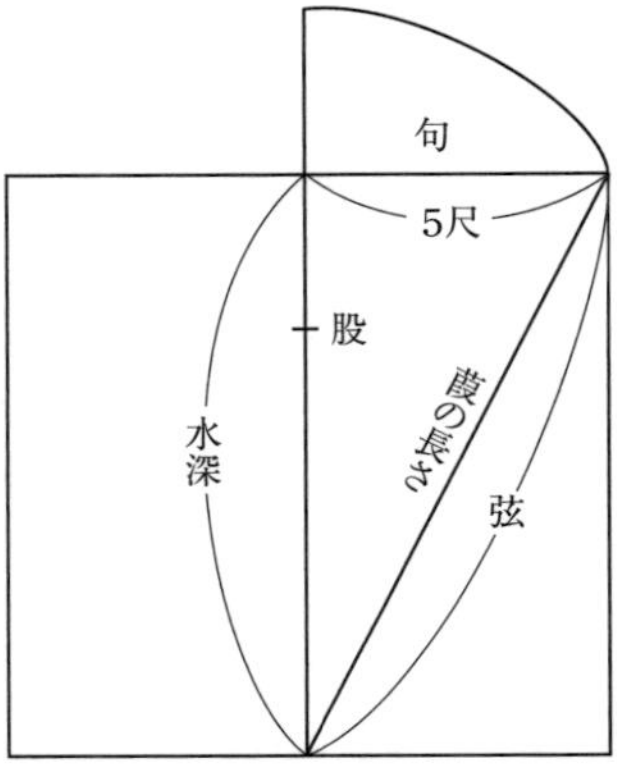

方池断面図

である。つまり、

$(c-b)=1$

であり、また

$(c-b)^2=1^2$

である。そこで

$a^2(c-b)^2=(c^2-b^2)-(c-b)^2$

となる。これはイクォール

$2\cdot c\cdot b-2\cdot b^2=2b(c-b)$

である従って水深は

$$b=\frac{a^2-(c-b)}{2(c-b)}$$

葭の長さは

$c=b+(c-b)$

となる。ともあれ、この設問の洗練度と水準は、当時の数学（算学）が、代数的、方程式的な抽象思考と完全に消化していたことを示している。ただ、それを公理化、論理的体系化しなかったことが、後にヨーロッパ数学に逆転される根本原因となったのであろう。

【7】今、立木が有る。その梢《こずえ》に索《なわ》を繋《つな》ぐと、それは地面に届いてさらに三尺委《あま》る。その索を引いて木の根本から離すと、根本から八尺で索が尽きた（木の梢の高さ、索の長さ、根本と索の先端が八尺の三角形）。問う、すると索の長さはいくらか。

答えは、一丈二尺と六分の一尺である。

術すなわち計算法は、索を根本から離した長さ（八尺、句）を自乗し（短冪を作る）、地面に委った長さ（三尺、索長を弦とし木の高さを股として股弦の差）で割る（すると股弦の和になる）。得た所の数値に、地面に委った長さを加え（股弦の差に股弦の和を加えると二索の長さ）、半分にすると即ちそれが索の長さなのである。

解説——この【7】の**引而索尽術**と【10】の**開門去閾術**は、「句」および「股」、「弦」の差から「股」と「弦」を算出する算例で、同一術である。その数理は述べられていないが、索を根本から離した長さの「句」をaに、木の高さの「股」をbに、索の長さの「弦」をcとすれば、次のような展開となる。

$$c=\frac{a^2+(c-b)^2}{2(c-b)}=\frac{\frac{a^2}{c-b}+(c-b)}{2}$$

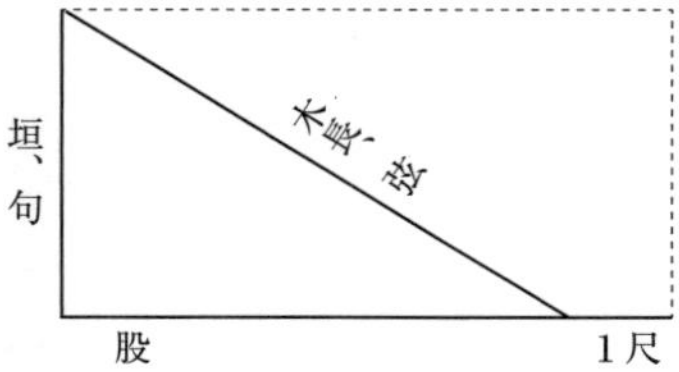

【8】今、高さ一丈の垣が有る。木がそれに倚《よ》りかけてあり、その先端は垣に斉《ひと》しい（垣、斜めに倚りかかった木、地面の直角三角形）。その木の下の部分を引っ張って一尺退《さ》がると、その木は垣から落ちて地面に横になった。問う、すると木の長さはいくらか。
答えは、五丈五尺である。
術すなわち計算法は、垣の高さの十尺（一丈、句）を自乗し、退った尺数（木の長さを弦とすれば股弦の差）で割る。得た所の数値に退った尺数を加え、それを半分にすれば、即ち、それが木の長さである。

解説――ほぼ【7】と同じ算例である。垣の高さの「句」をaに、倚りかかった木と垣の三角形の地面の長さの「股」を　bに、木の長さの「弦」をcとすれば、【7】と同じ現行式のような展開となる。

【9】今、円材《まるた》が有るが、その大部分が壁中に埋まっており、太さはわからない。だが、これを鋸《のこ》びくと、深さ一寸で鋸びいた長さが（鋸道）が一尺であった。問う、すると、その直径はいくらか。
答えは、二尺六寸である。

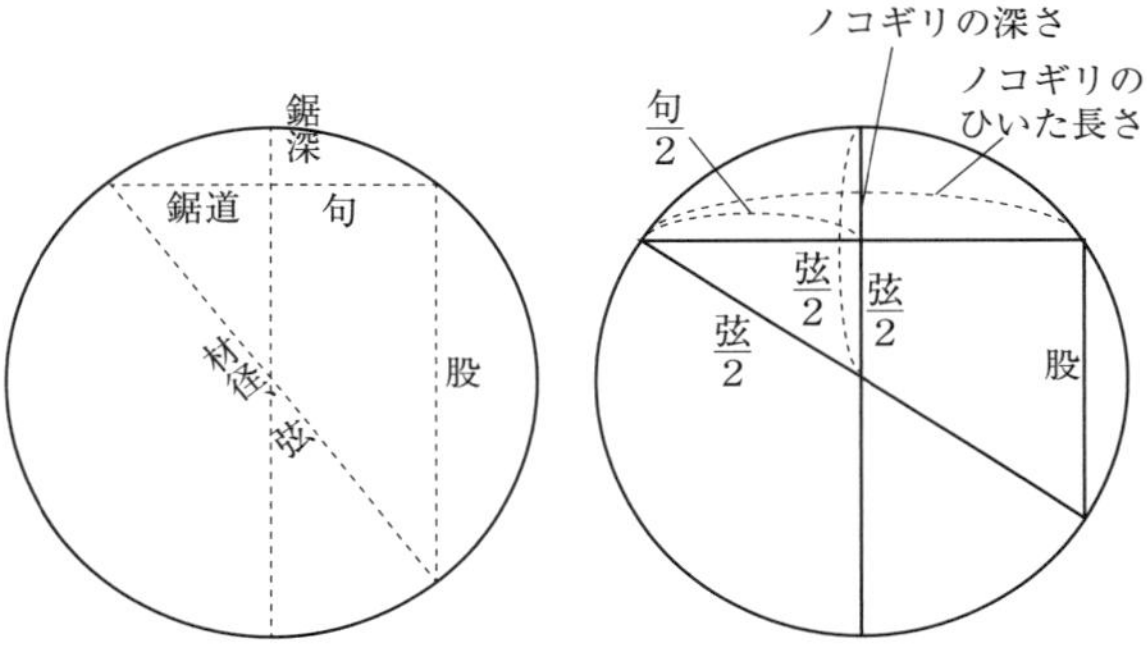

術すなわち計算法は、鋸道の半分（鋸道を句とし円材の直径を弦）を自乗し、鋸深一寸（股弦の差の半分）で割り、鋸深一寸を加えると、即ち、それが円材の直径である。

解説——これも基本的には【7】のヴァリエーションであるが、少し凝っており、算術的・幾何学的直観力のいる設問である。鋸道の長さの「句」をaに、直径と二鋸深の差の「股」をbに、直径の「弦」をcとすれば、次のようになる。

$$c=\frac{a^2+(c-b)^2}{2(c-b)}=\frac{\left(\frac{a}{2}\right)^2}{c-b}+\frac{c-b}{2}$$

つまり【7】の算例の**術**なら、股弦の差に股弦の和を加えたものを半分にするのだが、この設問では、始めから数値が半分ずつ与えられており、再度半分にはしないパターンなのである。

【10】今、門が有り、その扉が開いているのだが、それは閾《しきい》から一尺離れたところで、扉同士は

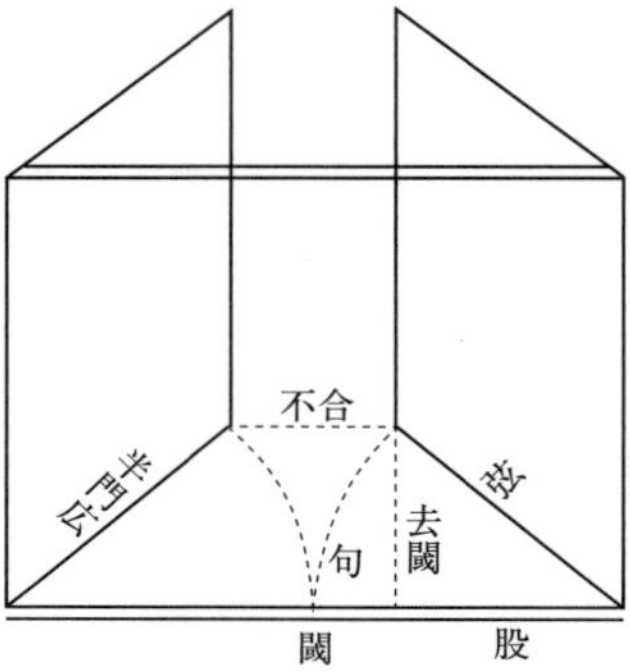

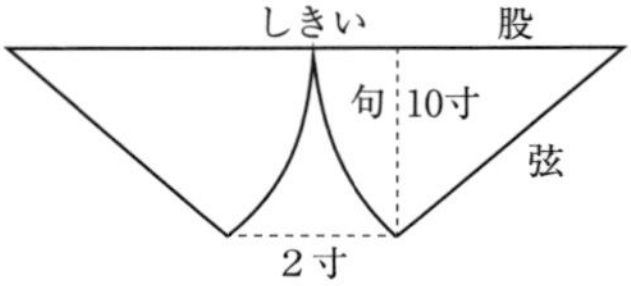

二寸離れて開いていた。問う、すると門の広さはいくらか。

答えは、一丈一寸（原文は一尺一寸）である。

術すなわち計算法は、閾から離れた長さの一尺（句、半門つまり扉一板の広さを弦）を自乗し、得た所の数値を不合部分の長さ二寸の半分（半門における股弦の差）で割る。そして得た所の数値に不合部分の長さの半分（一寸）を加えると、即ち、門の広さを得る。

解説――これも【9】と同じく、設問で始めから数値を半分ずつにして半門の場合を計算するようにしむけられており、求める答は、その「弦」の二倍であるから、【7】の展開で、しかし再度半分はしない算例である。

$$2c = \frac{a^2}{c-b} + (c - b)$$

【11】今、戸口（家屋の入口の長方形の空間、玄関）が有る。その高さは広さ（横幅）より六尺八寸長く、両隅のあいだの長さ、つまり戸口の対角線の長さは、ちょうど一丈である。問う、する

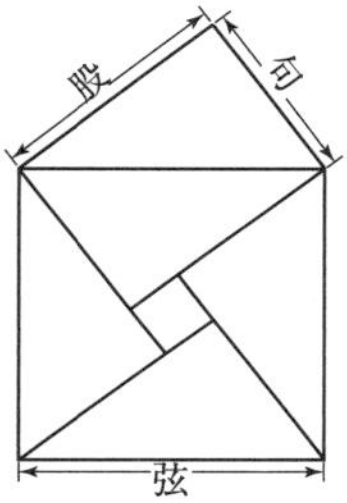

呉烺の図

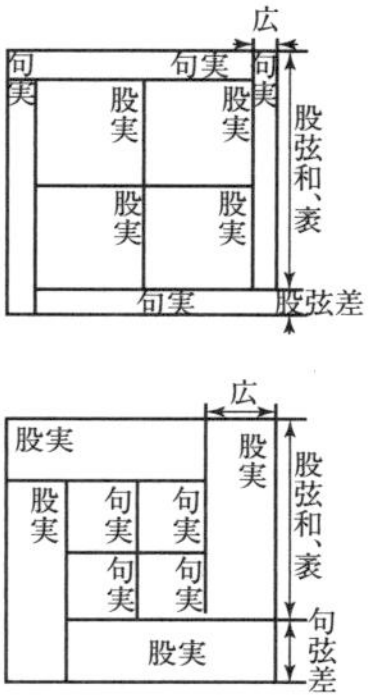

股実広袤合図

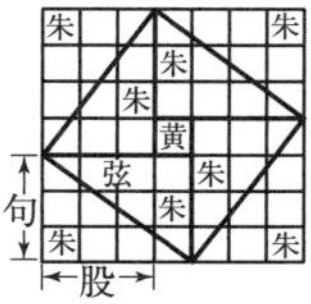

弦図

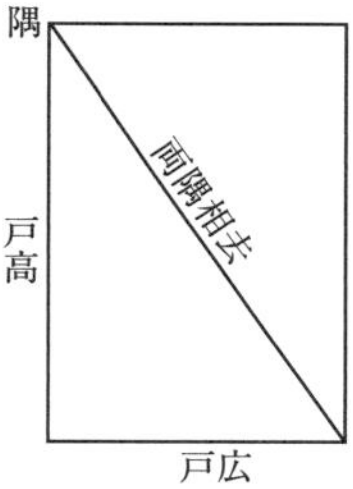

戸図

と、この戸口の高さと広さ（横幅）は、それぞれいくらか。

答えは、広さは二尺八寸、

　　高さは九尺六寸である。

術すなわち計算法は、一丈（弦、対角線）を自乗し、これを実《じつ》（被除数）とする。高さ（股）と広さ（句）の差の半分を自乗し、さらに二倍して、これを実から引く。その余りを半分にして、それを開平方する。得た所の数値から高さと広さの差の半分を引くと、即ち、それが戸口の高さである。それに高さと広さの差の半分を加えると、即ち、それが戸口の高さである。

解説――「句」をaに、「股」をbに、「弦」をcにすると、次のような展開となる。

$$\sqrt{\frac{c^2-2\left(\frac{b-a}{2}\right)^2}{2}}=\frac{b+a}{2}$$

$$\frac{b+a}{2}-\frac{b-a}{2}=a$$

$$\frac{b+a}{2}+\frac{b-a}{2}=b$$

この計算法の数理を**劉徽**は四庫全書原本に付されている句股差句股并与弦互求之図等のような、目の子算的な、図形的把握から説明している。

【12】今、高さ一丈の竹が有る。それが中折れして、その先端が竹の根本から三尺離れたところで地面に着いている。問う、竹はどの高さで折れているか。

答えは、四尺と二十分の十一尺（原文誤写）である。

術すなわち計算法は、折れた竹の先端と根本との長さ（句、そして折れた所から地面に着いた竹の斜線の長さが弦）を自乗し、竹高（股弦の和が一丈）で割る（股弦の差を得る）。得た所の数値を竹高から引き、その余りを半分にする。即ち、それが折れた所の高さである。

解説——「句」をaに、折れた所の高さの「股」をbに、「弦」をcとする直角三角形でbを求めるのである。

$$b=\frac{(b+c)-\frac{a^2}{b+c}}{2}$$

【12】

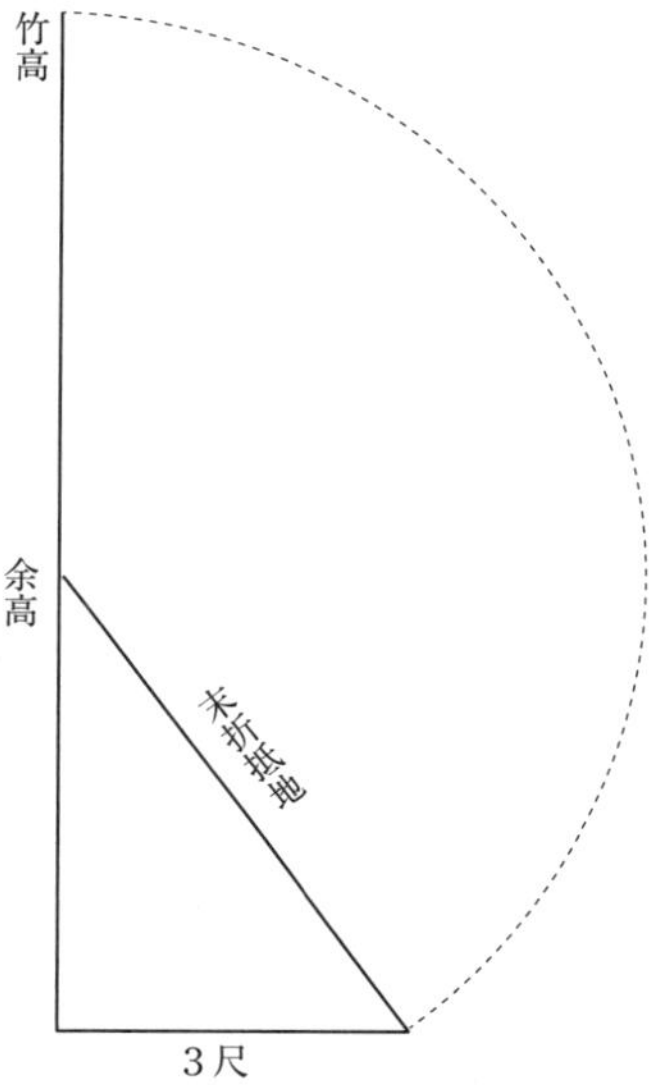

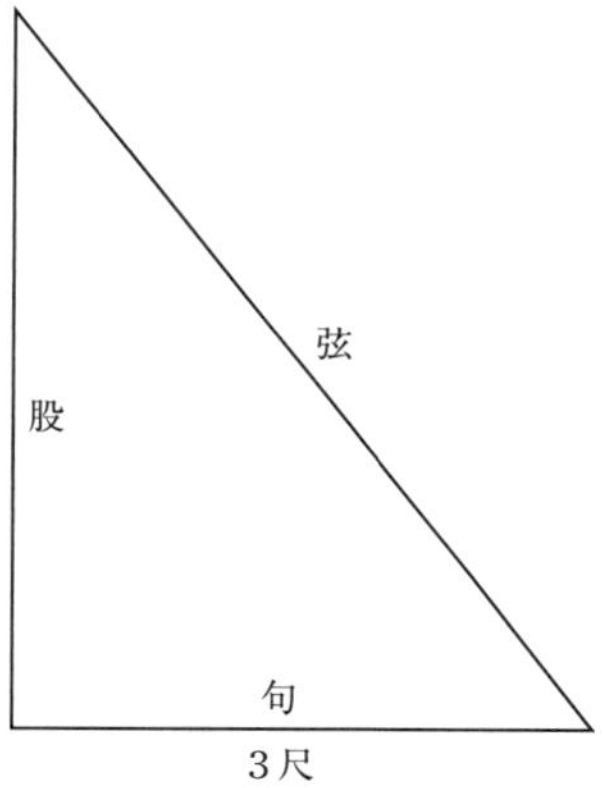

また【6】【7】【8】【9】【10】の算例は、「句」および「股」・「弦」差より「股」、「弦」を求めるパターンであるが、本設問は、「句」および「股」・「弦」和より「股」、あるいは「弦」を求める算例である。

【13】今、二人が有って、同じ場所に立つ。乙は行率（速さの割合）三で東に行き、甲は行率七で南に十歩行ってから、つぎに斜めに曲って東北に行き、乙と出会った。問う、甲と乙の歩いた距離は、それぞれいくらか。

答えは、乙の東行の十歩半に、

　甲は斜行（東北行）の十四歩半で出会った。

術すなわち計算法は、七を自乗し、三も亦《また》自乗し、それらを加え合わせて半分にし、甲の斜行率とする（つまり、まず基準となる直

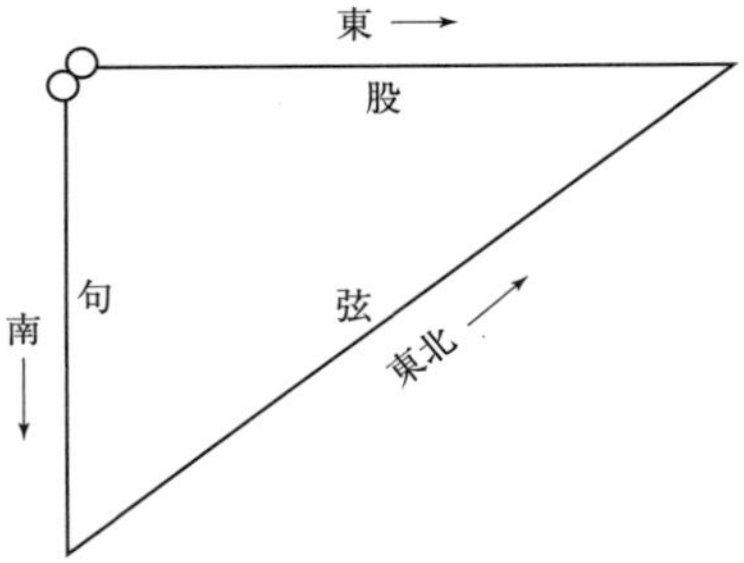

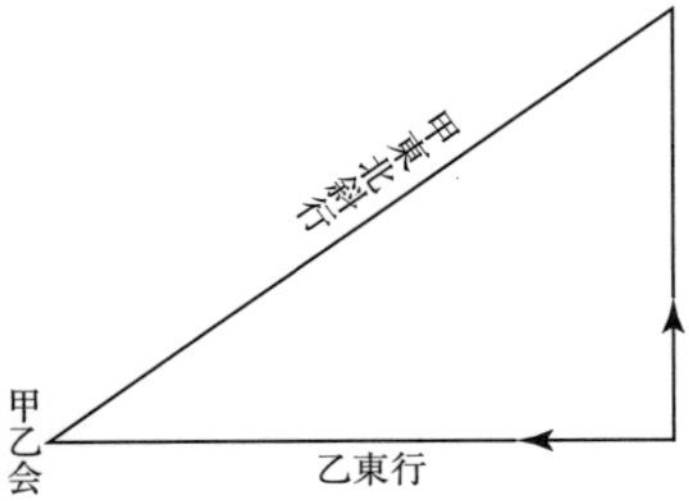

角三角形を行率の比率より想定して、甲の南行を「句」、乙の東行を「股」、甲の斜行を「弦」とすると、七は「句」と「弦」の和）。この斜行率を七の自乗より引き、余りを甲の南行率とする。三を七に掛けて、乙の東行率（誤写修正）とする。そして（この比率から想定した三角形に実際の数値を当てはめる為）、まず（計算盤上に）十歩を置いて、甲の斜行率を掛ける。別に十歩を置いて、これに乙の東行率を掛けて、それらを各自の実《じつ》（被除数）とする。実を南行率で割れば、それぞれの行数（歩いた距離）である。

解説——甲の南行率の「句」をaに、乙の東行率の「股」をbに、甲の斜行率の「弦」をcとした比率による直角三角形をまず想定すると、それぞれの率は

$$a + c = 7, b = 3$$

であり、

$$(a + c)^2 + b^2 = (a + c)^2 + (c^2 - a^2) = 2c^2 + 2ac = 58$$

と展開していく。【13】では、すると甲の斜行率29（弦）、乙の南行率20（句）、乙の東行率21（股）の比率的に等価な直角三角形が

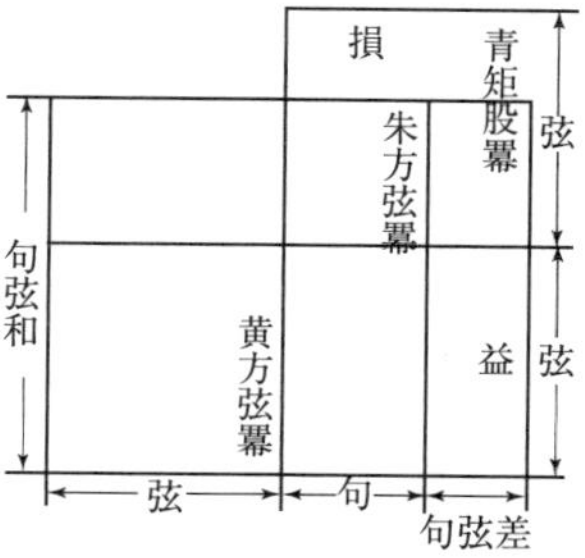

算術的モデルとして想定できる。各率は、

$$a : b : c = a(a+c) : b(a+c) : c(a+c)$$

$$= (a+c)^2 - \frac{(a+c)^2 + b^2}{2} : b(a+b) : \frac{(a+c)^2 + b^2}{2}$$

から求められる。この率に実際の南行十歩の数値を代入して、それぞれの距離を求める。つまり、本題は今有術の比例計算を複合させた問題なのである。これを劉徽の注釈では、原本の股与句弦并求句弦之図のような、目の子算的な図形的解釈から、その数理を説明している。

【14】 今（いま三角形が有り）、その「句（短辺）」は五歩、「股（長辺）」は十二歩である。問う、この中いっぱいに容《はい》る正方形の一辺はいくらか。

答えは、一辺が三歩と十七分の九歩である。

術すなわち計算法は、「句」と「股」を加え合わせて、これを法（被除数）とする。「句」と「股」を掛け合わせて、これを実（被除数）とする。実を法で割れば、正方形の一辺の長さを得る。

解説――四庫全書原本には**載震**の考証による句股容方図が載っているが、注釈で**劉徽**は李潢の

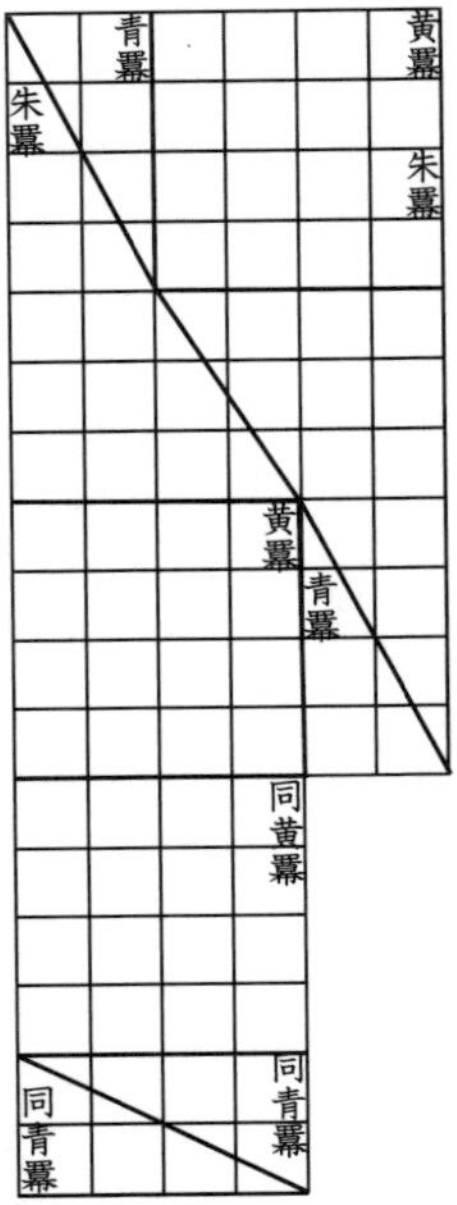
青冪
黄冪
朱冪
朱冪
黄冪
青冪
同黄冪
同青冪
同青冪

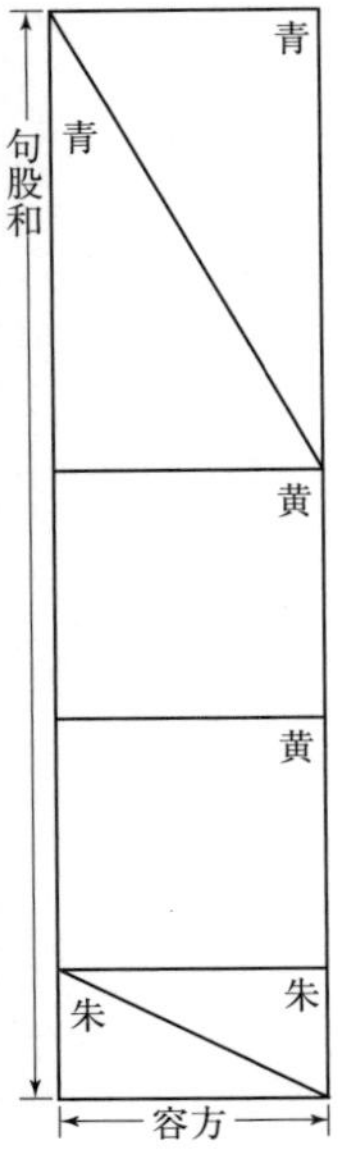
句股和
青
青
黄
黄
朱
朱
容方

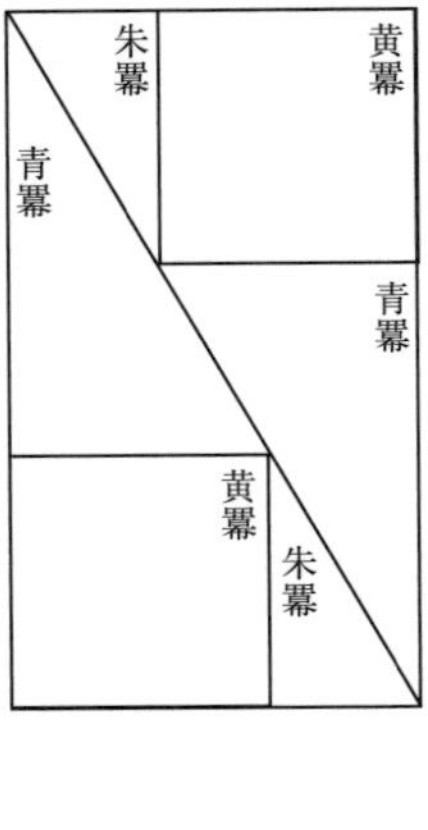
朱冪
黄冪
青冪
青冪
黄冪
朱冪

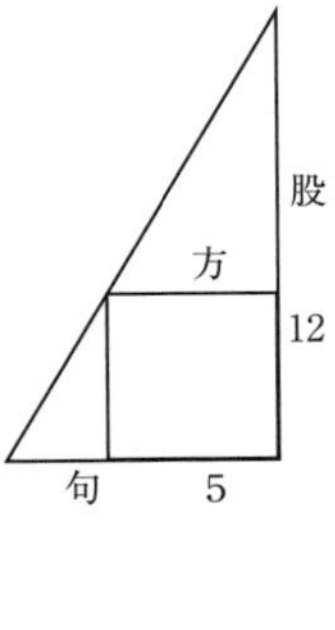
股
方
12
句
5

句股容方図のような形に、図形を展開して、設問の正方形の一辺を短辺とする長方形に再構成して、その算術的モデルに実際の数値を代入して、**今有術**による比例計算を行なっている。

【15】今（いま直角三角形が有り）、その「句」は八歩、「股」は十五歩である。問う、この中いっぱいに容《はい》る円（内接円）の直径はいくらか。

答えは、六歩である。

術すなわち計算法、八歩の「句」と十五歩の「股」から「弦」を求め（十七歩）、その三つの数（八、十五、十七）を加え合わせて法（除数）とする。「句」を「股」に掛け、さらに二倍して、これを実（被除数）とする。実を法で割れば、内接円の直径を得る。

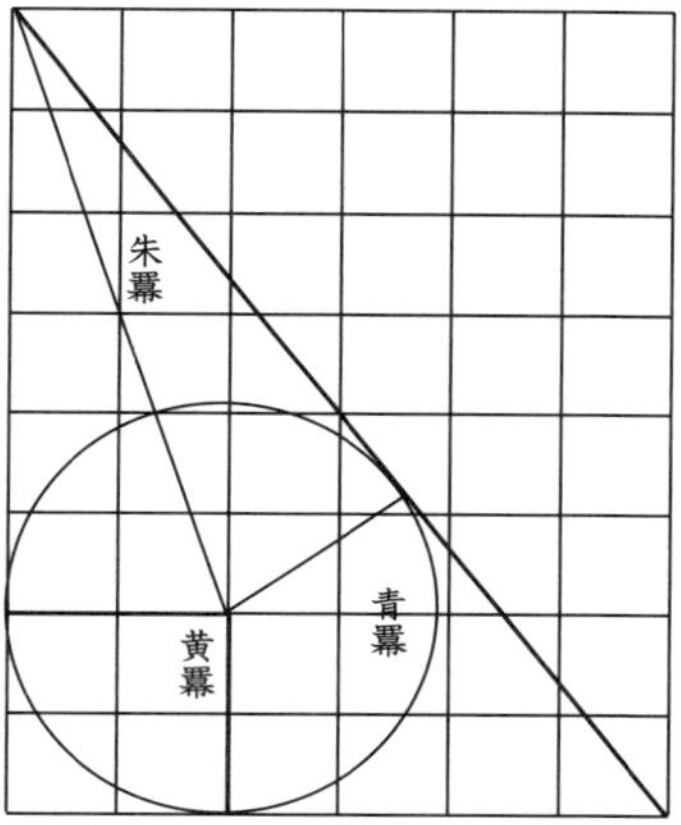

解説――四庫全書原本には**載震**の推定による句股容円図が載るが、**劉徽**も、このような句股容円図を想定し、二つの直角三角形で長方形（面積は「句」掛ける「股」）を作り、この図形を分解し組み直すことによって、円の直径を短辺とする新しい細長い長方形（同面積）を導いている。この新しい長方形の長辺が、「句」と「股」と「弦」の三つの数の和なのである。優れた直観より

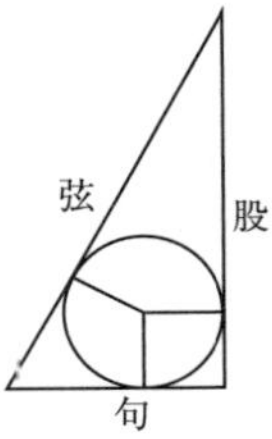

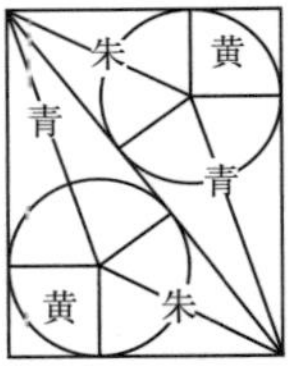

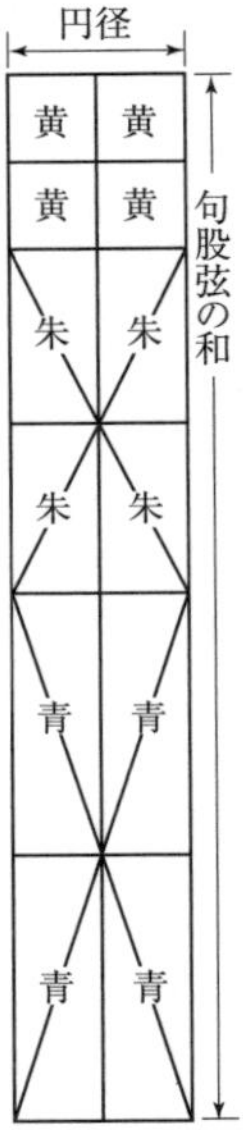

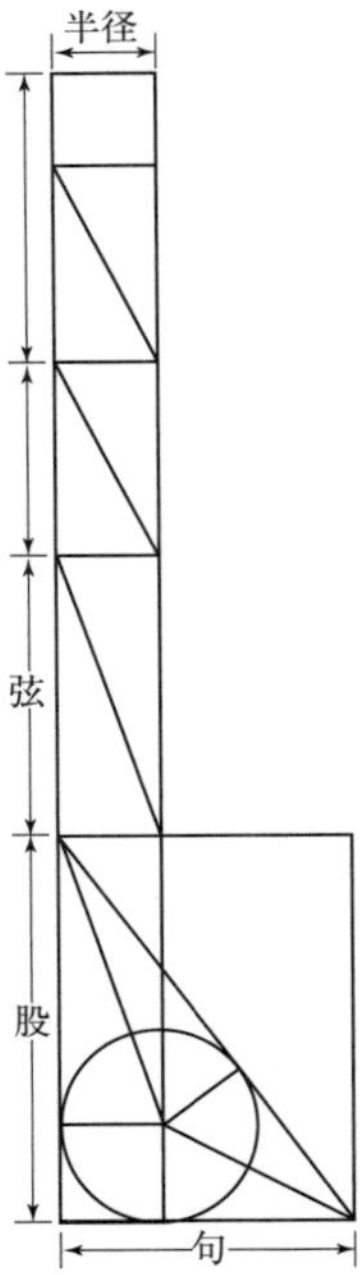

導かれた正しい計算法ということであろう。

【16】今、一辺が二百歩の正方形の邑《まち》（城塞都市）が有る。その各面の中央に門が開いているのだが、東門を出て十五歩の所に木が有る。問う、すると南門から何歩出た所でこの木が見えるか。

答えは、六百六十六歩と三分の二（太半）歩である。

術すなわち計算法は、東門から出た歩数を法（除数・句率）とする。正方形の邑の一辺の半分を自乗して実（被除数）とする。実を法で割るのである。

解説——方邑図のように補助線を引くと、二つの三角形ができる。両者は相似形であるから、既知の東門側の三角形から比率を算出して（句率十五歩、股率百歩）、それを問題の南門側の三

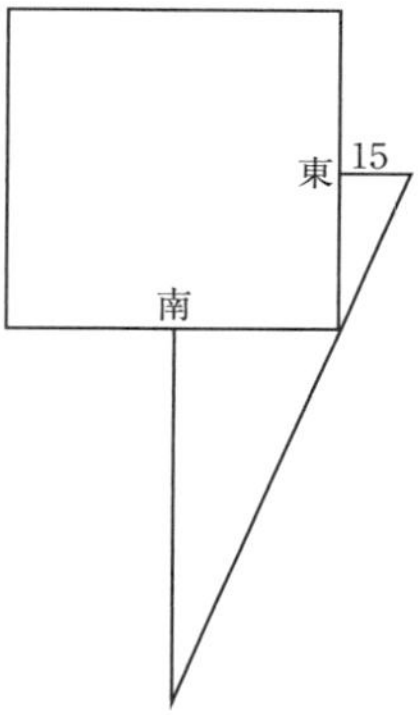

角形に当てはめる。つまり既知の三角形のデータを「**句率**」、「**股率**」として「**率**」と呼び、求める未知数のある三角形を「**句数**」、「**股数**」と、「**数**」と呼ぶ。これは**測量術の基本**となる。この場合に（句率：股率＝句数：股数→句率×股数＝股率×句数）東門側の「股率」を南門側の既知の「句数」に掛けるのであるが、本題は正方形であるから両者はともに百歩で、本文においても一辺の半分を自乗する

（15：100＝100：x→100×100÷15）

となる。なお、古代中国式の図表示では南を上にする。

【17】今、東西が七里、南北（誤写修正）が九里の邑《まち》が有る。その各面の中央に門が開いているのだが、東門を出て十五里（一里＝三百歩）の所に木が有る。問う、すると南門から何歩出た所でこの木が見えるか。

答えは、三百十五歩である。

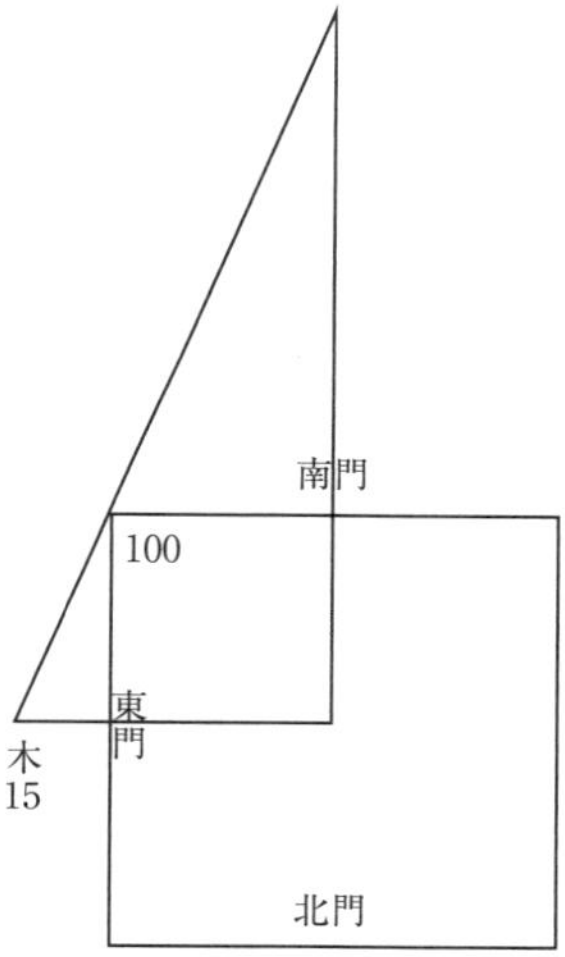

術すなわち計算法は、東門から東南隅までの歩数（四里半を「句」率）と南門から東南隅までの歩数（三里半を既知の股数）を掛け合わし、これを実（被除数）とする。木と東門のあいだの里数（十五里が股率）を法（除数）とする。実を法で割るのである。

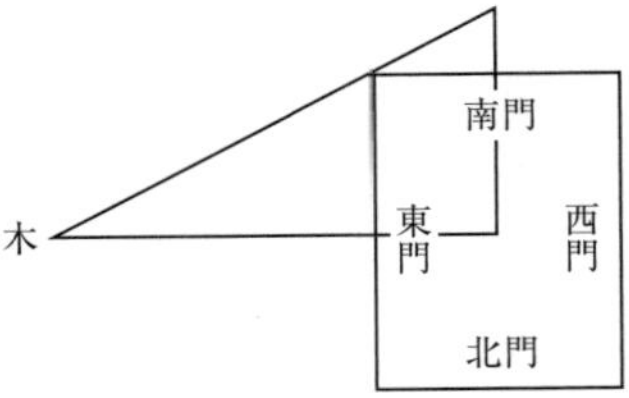

解説――【16】が正方形の場合で、本題は長方形への発展問題である。基本は同じで、二つの相似の三角形のデータがそろった方の「句率」と「股率」と、もう一方の未知数を一つ含む「句数」と「股数」のあいだの比例計算（三角形の相似比）をするのである。この【17】は一応、演習問題形式の算術法則、一種の文字方程式であろう。基本的に測量術である。ところが実際は、敵城を測量するスパイ技術ではないかという説もある。

【18】今、その一辺の長さはわからないが、正方形の邑《まち》が有る。その各面の中央に門が開いているのだが、北門を出て三十歩の所に木が有る。そして西門を出て七百五十歩の所で、この木が見える。問う、するとこの正方形の邑の一辺はいくらか。

答えは、一里（三百歩）である。

術すなわち計算法は、北門からの歩数と西門からの歩数を掛け合わし、これを四倍して実（被除数）とする。それを開平方すると、即ち、この正方形の邑の一辺の長さを得る。

解説——**劉徽**は、【16】では邑の一辺の半分を自乗して東門からの歩数で割り、南門からの歩数を得た。しかし本題では逆に、両門からの歩数を掛け合わせるから、これは算術的には、邑の一辺の半分の自乗と等しく、邑の正方形の四分の一の積分（面積）である。すると、これを四倍すれば、邑全体の積分を得る。従って、それを実として、正方形であるから開平方すれば、一辺の長さを得ると説明する。

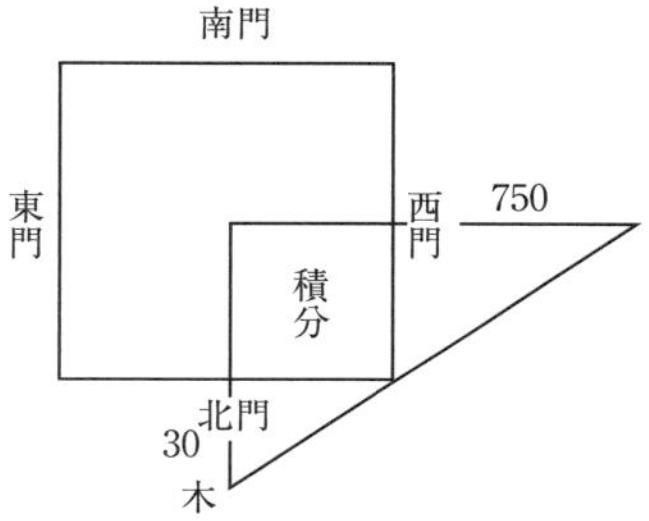

【19】今、その一辺の長さはわからないが、正方形の邑《まち》が有る。その各面の中央に門が開いているのだが、北門を出て二十歩の所に木が有る。そして南門を出て十四歩の所で右折し、こんどは西に千七百七十五歩行った所で、その木が見えた。問う、すると、この正方形の邑の一辺はいくらか。

答えは、二百五十歩である。

術すなわち計算法は、北門からの歩数（二十歩、句率）を西行の歩数（千七百七十五歩、股数）に掛け、二倍して（股率が邑の一辺の半分、その分母を消去）実（除数・七万一千）とする。北門からの歩数（二十歩）を南門からの歩数（十四歩）に加え、「従方」とし（つまり、東西の広さが邑の一辺の長さ、南北の長さが一辺に三十四歩加えた長方形を想定――$x(x+34)=71000$）、これを開平法（帯従開平方）すれば、即ち、正方形の邑の一辺の長さである。

解説――前題等と同様にデータのそろった北門側の三角形（句率二十歩、股率一辺の半分）から、それと相似な三角形（股数千七百七十五歩、句数は二十歩＋一辺＋十四歩）を考える。ただし、両者とも未知数――邑の一辺 x を含む。この計算は次のように展開する。

$$\frac{x}{2}:20=1775:(20+x+14)$$

内項の積と外項の積は等しい。

$$\frac{x^2}{2}+17x=1775\times 20$$

二倍して分母を消去する。

$$x^2+34x=1775\times 20\times 2$$

つまり術は右の式の関係を左の式のようなプロセスで述べていたのである。

$$x^2+(14+20)x-2\times(20\times 1775)=0$$

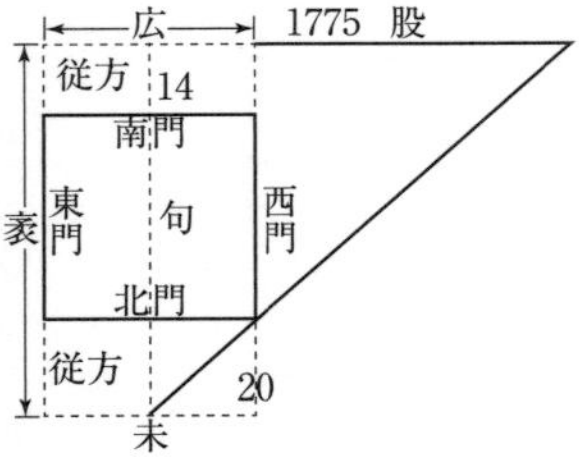

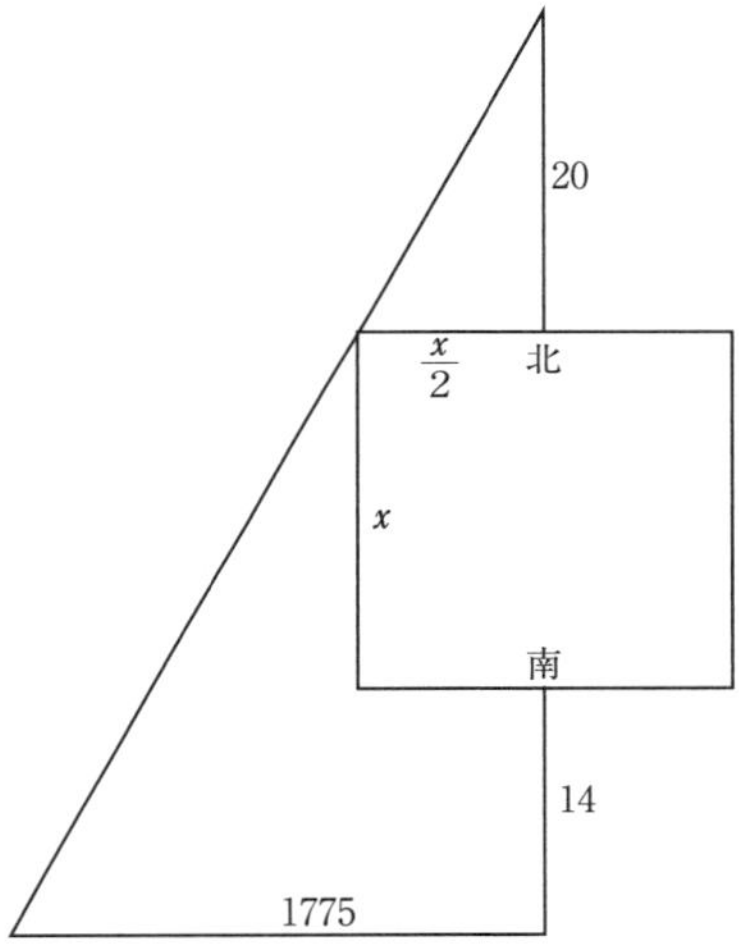

この式は一次の項を持った二次方程式であり、解法（$x^2 + 34x = 71000$）は少広章の**開方術**の応用となる。一次の項がなければ**開方術**、**開平方**で解かれるが、【19】のような複雑な問題は二次方程式を解くことになる。『九章算術』本文には数理や証明の記述が少なく、その計算盤での演算プロセスも述べられていないが、当時の世界数学史を比較してみても、画期的なものであり、高次の（この場合は二次まで）数学方程式の研究は中国数学の最も優れた成果である。

【20】今、一辺が十里の正方形の邑《まち》が有る。その各面の城壁の中央に門が開いているのだが、甲と乙は倶に邑の中央から出発。乙は東に向い、甲は南に向って南門から出て進んだが、その進んだ距離の歩数はわからない。そして、ある地点で左折し、斜めに東北に向い、邑の角をかすめて進み、ちょうど乙が歩いているのと出会った。そして甲の行率（速さの割合）は五、乙の行率は三である。問う、すると甲と乙はそれぞれいくら進んだか。

答えは、甲は、門を出ること八百歩、

斜めに東北に行くこと四千八百八十七歩半で乙に出会った。

乙は東に行くこと四千三百十二歩半である。

術すなわち計算法は、五（句＋弦）を自乗し三（股）もまた自乗し、それらを加え合わして半分にし、甲の斜行率（弦率）とする。この斜行率を五（句＋弦）の自乗より引き、余りを甲の南行率（句率）とする。三を五に掛け乙の東行率（股率）とする（まず、弦率十七、句率八、股率十五の算術的モデルの三角形を想定する）。

解説——$a + c = 5, b = 3$

$$(a + c)^2 + b^2 = (a + c)^2 + (c^2 - a^2)$$

$$= 2c^2 + 2ac = 2c(a + c) = 5^2 + 3^2$$

$$\therefore c = \frac{17}{5},\ a = \frac{8}{5},\ b = \frac{15}{5}$$

現行式ならば右のような手順で整数化した、弦率十七、句率八、股率十五を算出するが、『九章算術』の方法がずっと手早く、効率的である。これは【13】と同じ算出法である。つぎに（計算盤上に）、方一辺の半分（出南門歩数の小・句に対する小・股）を置いて、甲の南行率（句率）を掛け、乙の東行率（股率）で割ると（粟米章今有術の比例計算法）、南門からの歩数

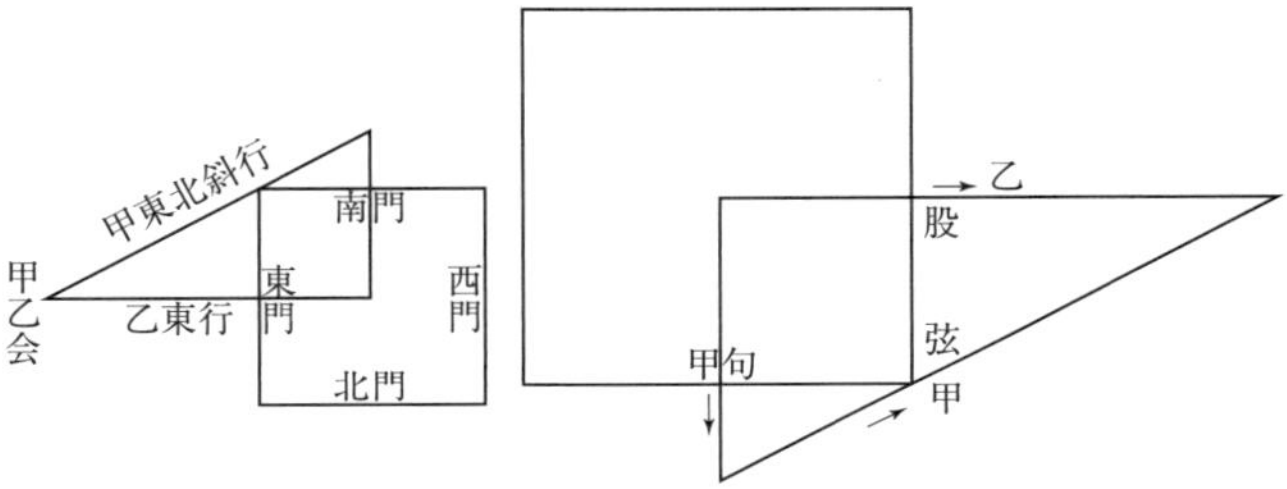

（出門歩数八百歩）を得る。これに邑の一辺の半分（五里）を加えれば、即ち、南行の歩数である。——また（計算盤上で）南行の歩数を置いて、「弦」（甲の斜行歩数）を求めるには、それに斜行率を掛ける。乙の東行の歩数を求めるには東行率を掛ける。そのそれぞれを各自の実（被除数）とし、実を南行率（**今有術**の法、所有率）で割るのである。

解説——測量術の基本として、モデルとなる率の三角形（**句率**、**股率**、**弦率**）を作る。それはもう一つの未知数を含む三角形と相似形であるから**今有術**の所有数から所求数を算出する比例計算（**句数**、**股数**、**弦数**）をするのである。

【21】今、木が有るが、人からの遠近はわからない。そこで（測量のため）四本の測量棒（表、ノーモン）を一丈間隔で正方形に立て、左側の二本と目標の木が一直線になるように並べた。さて後右の測量棒から目視して目標の木を望むと、前右の測量棒から三寸内側に目視線が入っていた。問う、すると木と人との距離はいくらか。

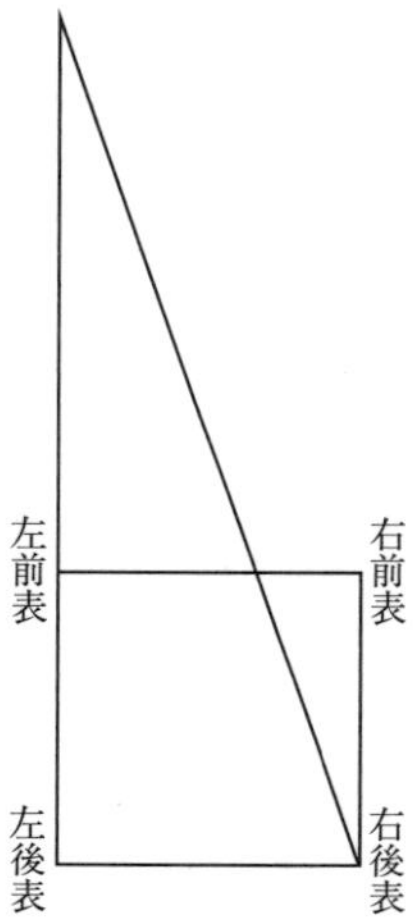

答えは、三十三丈三尺三寸と三分の一（少半）寸である。

術すなわち計算法は、一丈（十尺＝百寸）を自乗して実（被除数）とし、三寸を法（除数）とし、実で法を割る。

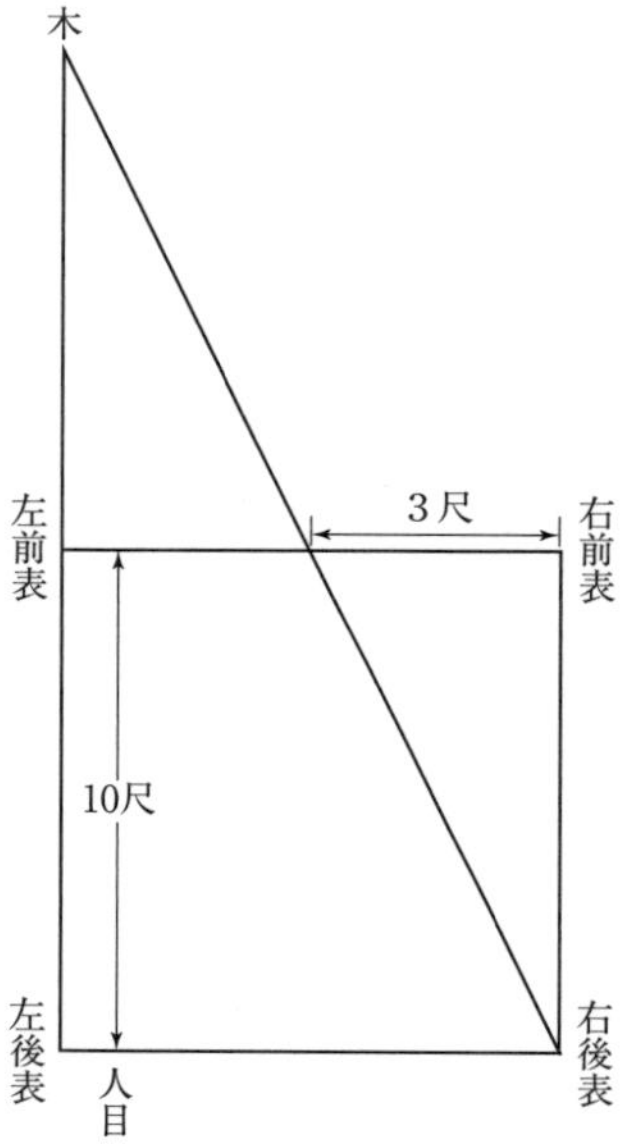

解説――まず「**率**《りつ》（モデル）」の直角三角形で、三寸を句率（所有率）、右前・後表の間隔の一丈を股率（所求率）。左右両表の間隔の一丈を既知の句数（所有率）、木と人との距離を股数（所求率）とする。普通なら股率と句数を掛けて句率で割るのであるが、当時の実際の測量現場でもそうであったのか、股率、句数ともに一丈であるため、本文では一丈を自乗して、となっている。

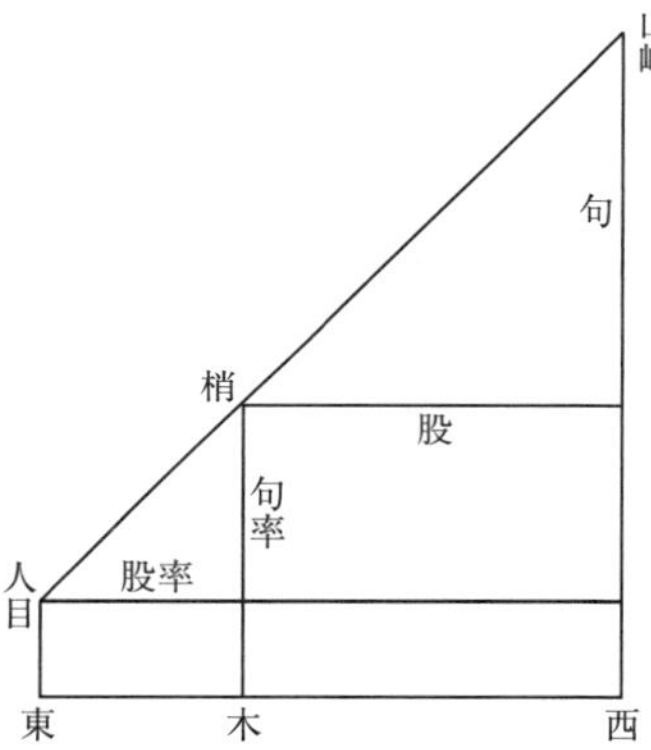

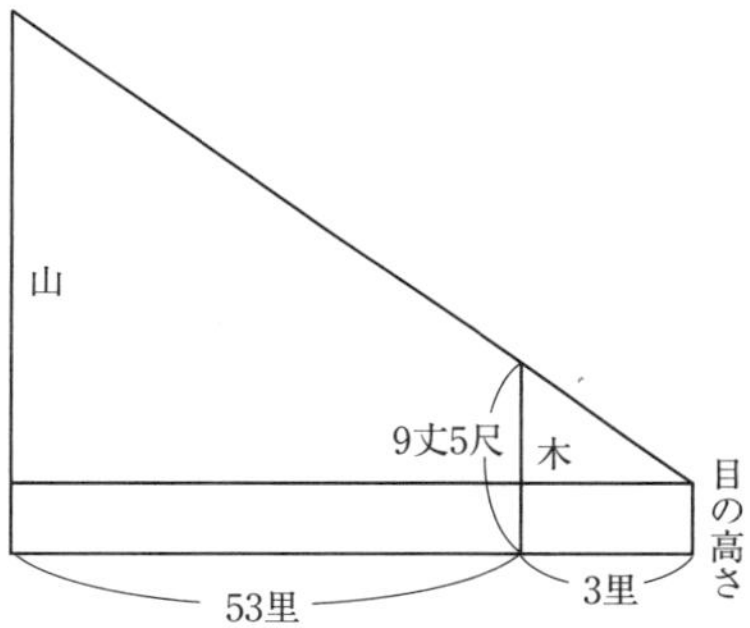

【22】今、山が木の西に有るが、その高さはわからない。山と木の距離は五十三里（一里＝三百歩、一歩＝六尺）、木の高さは九丈（一丈＝十尺）五尺である。人が木の東三里の地点に立って、木の梢を望むと、その斜めになる目視線はちょうど山峰に重なる。そして人の目の高さは七尺である。問う、すると山の高さはいくらか。

答えは、百六十四丈九尺六寸と三分の二（太半）寸である。

術すなわち計算法は、まず（計算盤上に）木の高さを置いて、人の目の高さの七尺を引く。その余りに五十三里を掛けて、これを実（被除数）とする。人と木との距離の三里を法（誤写修正、除数）とする。実を法で割り、得た数値に木の高さを加えれば、即ち、山の高さである。

【23】今、直径が五尺の円井戸が有るが、その深さはわからない。五尺の木が井戸の側に立っているが、その梢から井戸底の水際（水岸）を望むと、梢よりの目視線は、円径上部の内側に四寸入る。問う、すると井戸の深さはいくら

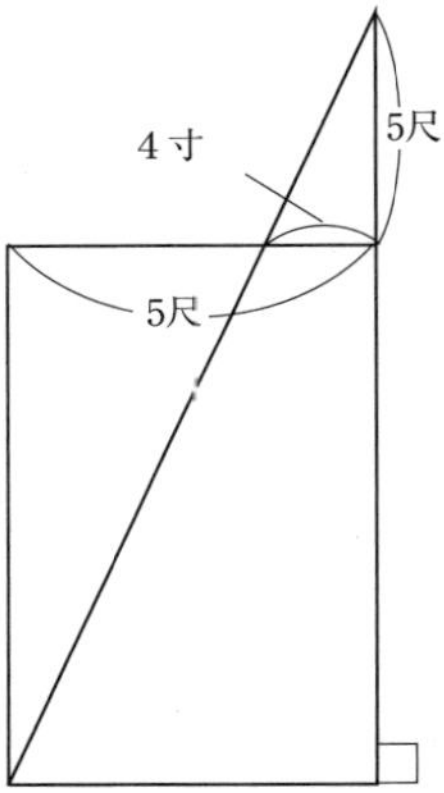

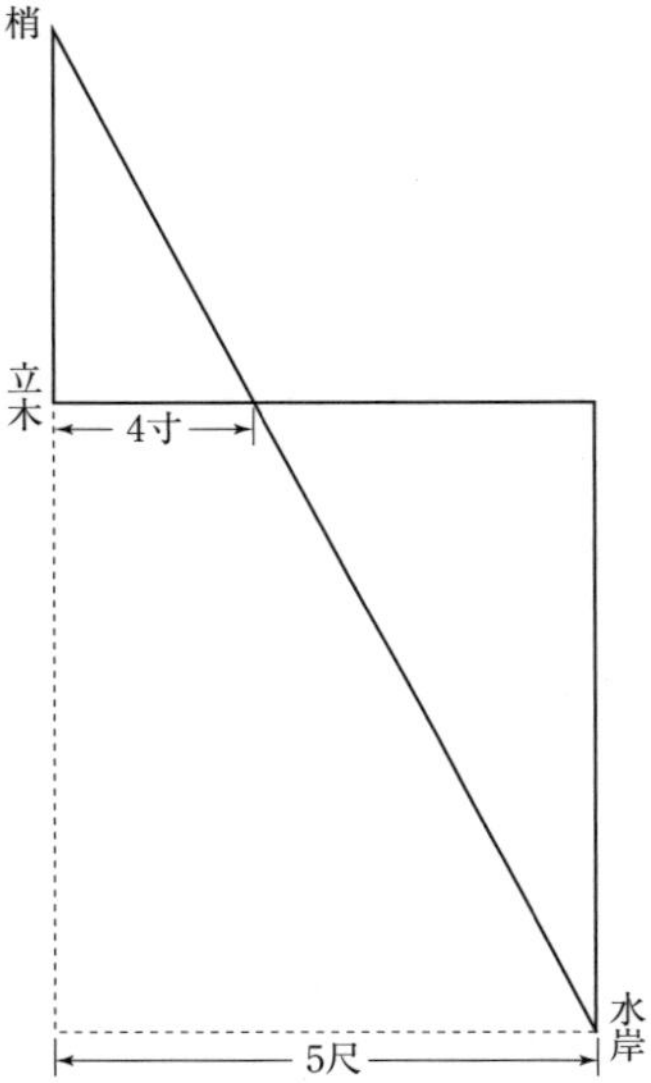

か。

答えは、五丈七尺五寸（一丈＝十尺＝百寸）である。

術すなわち計算法には、まず（計算盤上に）円径の五尺を置いて、円径に入る四寸をこれから引く（句数を得る）。その余りの数値を立木の五尺（股率）に掛けて、それを実（被除数）とする。円径に入る四寸（句率）を法（除数）とし、実を法で割る。

【24】 今、高さも広さ（横幅）もわからない戸口と、その長さがわからない竿が有る（竿を戸口から出したい）。竿を横にすると戸口（の広）より四尺長く、縦にすると戸口（の高）より二尺長く、斜めにすると、ちょうど戸口から出る。問う、すると戸口の高さと、広さと、対角線はそれぞれいくらか。

答えは、広さは六尺、

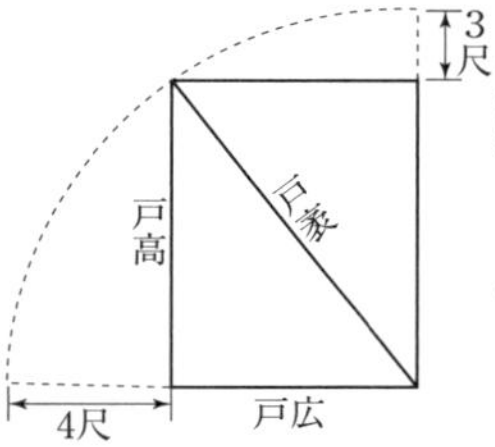

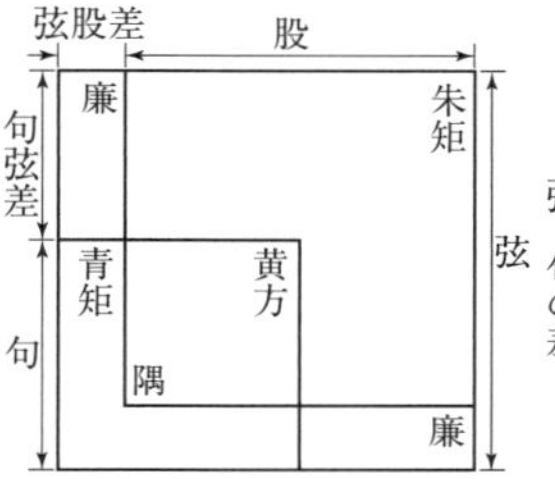

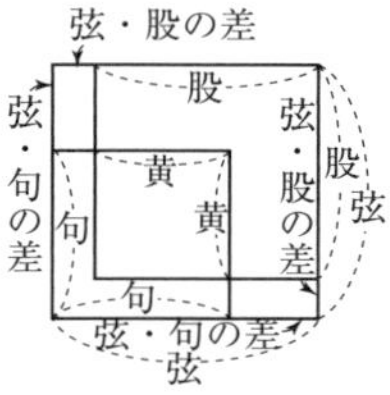

高さは八尺、
その対角線は一丈（十尺）である。
術すなわち計算法は、縦のとき余る長さ（二尺）と横のとき余る長さ（四尺）を掛け合わせて、それを二倍にし、開平方する。得た所の数値に、縦のときの余る長さを加えると、即ち、戸口の広さである。その開平方で得た数値に横のときの余る長さを加えれば、即ち、戸口の高さである。そしてその数値に縦・横両方の余る長さ（二尺＋四尺）を加えると、戸口の対角線の長さなのである。

解説——戸広を「句」でa、戸高を「股」でb、戸の対角線を「弦」でcとする。そして**劉徽**は句弦ノ差ト股弦ノ差カラ句股弦ヲ求メルノ図のような図形によってその数理を説明している。

黄$^2 = 2\times(c-b)\times(c-a)$

この黄^2（黄冪）を開平方してその一辺を算出し、縦・横の余る長さをそれぞれ加えるのである。——以上で二千年以上も前の東アジア最古の算学教科書『九章算術』全九章、二四五算例のすべての課程が了《おわ》る。
その数学的内容と水準は、当時にあってはヨーロッパやアラビア、インドなどの数学史的水準を、特に演算術と数学方程式の分野で圧倒的に凌駕していた世界数学史の中の成果である。

終章　世界は様々、数学も様々

1．文明の発祥と黄河の水

人類の歴史において最初に**数学が誕生**したのは、おそらく、今から**約五千年前頃**の、つまり人類が石器時代から青銅器時代に移っていった頃の、**古代オリエント地方**であるとされる。オリエントとは、ヨーロッパ人から見た東方の諸国家という意味である。ここには、一つはメソポタミア（バビロニア）のチグリス・ユーフラテス河の畔り、今一つはエジプトのナイル河の畔りと、文明の中心が二つあったのだが、この古代オリエント（ヨーロッパ・セム）文明は、ガンジス河の畔りのインド文明、黄河《こうが》の畔りの中国文明とともに、世界三大文明の一つなのであった。

その数学のことなのだが、昔、紀元前五世紀のギリシャの歴史家のヘロドトスは、その著

『歴史《ヒストリア》』のなかで「エジプトはナイルの賜なり」と言った。この言葉ほど、これらの古代文明——ヨーロッパ・セム文明、インド文明、中国文明の本質的性格をよく言い表した言葉はないであろう。

ナイル河は、その源をアフリカの奥地に発して、エジプトをぬって地中海にそそぐ。その水系には、春になると奥地の雪がとけてできる大量の水が流れ、毎年夏から秋にかけて大規模な氾濫《はんらん》を起こした。しかしナイルの氾濫は、大量の水と同時に、奥地の肥えた土壌も下流に運んでくれたので、そのためその流域に豊沃《ほうよく》な黒土地帯がつくられた。

このナイル河の定期的な氾濫は、当然に人々に相当な被害を与えたので、古代の農業民たちの目は、氾濫に事前にそなえるため、正確に定期的な変化を示す季節の循環と天空の日、月、星の天体運動に向けられた。それによって暦……太陽暦が作られていった。

たとえば、ナイルの洪水の始まりが、日の出前の東の地平線にシリウス星が位置する時であることを経験的に知り、その日を年始とした。また、この時期は太陽が獅子宮に入る夏にあたったので、ナイルの増水現象をライオンで象徴した。ちなみに、今日の日本の銭湯などで、ライオンの焼き物の口から湯や水が出るようになっているのは、この西洋渡来文化の、あまり知られていない伝播痕跡である。また、絵や文字による記録の誕生は、まずメソポタミアとエジプトにおいて最初は暦の必要からできたともいわれるが、エジプトにおいては紀元前四二四一年頃から、メソポタミアでは、それより一五〇〇年も早く自然に、経験的知識が積み重なって誕生したと推測されている。ともかく、紀元前三〇〇〇年までには、両地方とも寺院を中心とする幾つかの都市があったわけである。各寺院には祭司《さいし》王的な神権を持った古代君主、天文観測者、建築家、潅漑技術者からなる階級があって、農民、商人、巨大な奴隷労働力層を支配していたといわれている。

このような文明史的な経過は、必要な修正を加えて、インド文明の発祥についても、そして中国文明の発祥についてもいえる。大河の洪水の害を除き、運河や貯水池を造り、効果的な潅漑設備を造ることが、古代の人々が農業社会を営むための大きな仕事になったのである。

だが、ナイル河やガンジス河、あるいは黄河や楊子江（長江）のような大河への治水事業、あるいは流域の大平野への土木工事は、到底少数の人間の力で出来ることではない。大集団の組織的で持続的な力が必要である。このことが、人々が氏族や民族の形成、原初国家、さらにはやがて大きな統一国家の形成を促す最大要因となった。それと同時に、強力な権力を以て人々の上に臨む統治の中心が必要なことから、強大な権力を持つ君主と、その統治機関としての官僚制度を生み出した。また、天文学や数学、医学、建築術や潅漑術を生むもっとも大きな理由となったのである。

2. 古代文明社会での数学

エジプトに於いてこのような統一国家が出来たのは、紀元前三〇〇〇年頃と推定される。今日にも残るピラミッドは、その王の墳墓である。その最大のものの大きさは、底辺の長さが約二五〇米、高さ約一五〇米。その建造には十万人の人間を使役して、約二十年を要したというから、その在りし日の権力の絶大さが偲ばれる。このピラミッドをとってみても、その位置が正確に東西南北の線に合致し、北側につくられた口の傾斜が丁度北極星の方向をとっているというように、その正確な設計から彼らの天文学や測量術、建築術の発達を知ることができる。

このナイル河の定期的な氾濫は、農地の区画をも押し流したので、人々は水がひいた後、その区画をもう一度ひき直す必要に迫られた。こうして土地の測量術（数学）が大きな発展を示すことになった。また当時の支配者は、人々の受けた損害に応じて、その税を手加減する必要があったので、数の計算術も、それと商業の必要などによってかなりの進歩を示したのである。ヘロドトスによれば、エジプトにおいては土地が「等しい大きさを持つ正方形に割られて」人民に割当てられ、それに対して税が支払われたという。また洪水に見舞われたときには、その損失が計算されて「減少した土地に比例して」地代が免除されたという。

このような大規模潅漑経済社会を維持するためには、その背後における古代技術や学問、とくに数学の発展なしには考えられぬわけである。それらを処理するための数と算術のシステムが約五〇〇〇年前頃から、つまり考古学上の時代区分における青銅器時代以後から、社会的に必要となってきたわけだ。それ故、人類最初の数学は、生産のもっとも進んだ地方、即ち農業のもっともひらけた地域、つまり大河の流域に発生したのである。その結果、暦や数の経験的な知識が自然と集積され、伝承されて、やがて洗練されてゆき、それぞれの文明圏なりの初期の数学が誕生していったのである。

幾何学……英語の Geometry の起こりも、このエジプトの土地測量術にあるとされる。すなわち、Geo は土地を意味し、metry は測量を意味している。一方のメソポタミアは、その有名な成文法であるハンムラビ法典などに商業や金貸しに関する規定が多いように、一種の商業文明の色合いがあって、数値計算の技術、いわゆるバビロニアの代数学が発達していた。この**エジプトの幾何学**と**バビロニアの代数学**が、やがて古代ギリシャに伝播して——オットー・ノーイゲバウアー『古代の数学的諸科学の歴史講義』の論じるように——古代オリエント数学はギリシャ数学の中に浸透していって、**タレス**、**ピュタゴラス**を経て、**ユークリッド**の『**原論**』の〝普遍的な公理的論証数学〟が形成されていった。

そして大河の流域に、原初的な定住農業社会が誕生し、古代文明が、そして数学が生まれてきたのは、ガンジス河の畔りの古代インドにおいても、黄河の畔りの——本書のテーマである東アジアの古代・中世数学——中国の歴史文明においても、必要な修正を加えて、まったく同様なのであった。

母なるナイルがエジプト文明を生み、母なるガンジスがインド文明を生んだように、その黄河の水こそは、東アジアの始源文明、あらゆる中国文明の文化的産物を、そして中国数学をも生む母胎となったものである。

3. 中国の科学と文明

この中国（黄河）文明は、最近まではその古さが非常に誇張されていた。だが、メソポタミア（チグリス・ユーフラテス）文明、エジプト（ナイル）文明の古さと比較すると、両文明の社会と学術が、ある程度の高みに達していた紀元前二〇〇〇年頃には、実はまだほんの幼児期であった。その青銅器文化なども、中国の研究者は中国固有の発生と考えたがっているようだが、中国領域では、紀元前二〇〇〇年頃に、技術的完成状態で突然に出現したものであって、おそらく古代オリエント地方などの西方世界からの伝来と推測される。その最初の知的開花は、ほぼギリシャ語諸民族（ヘラスの民）が登場したのと同時期の古さであった、と現在では推定出来るのである。

しかし、だが、本質的に**黄河文明**は、みずから一人で独自の形成を遂げてきた**孤立した文明**であって、他の大文明とは形成の過程と色合いが著しく異なっている。メソポタミアとエジプトの大河流域は、早い時代からたがいに密接に結びついていた。同じように、インダス（ガンジス）河流域の古代文明は、バビロニア文明との結びつきを持っていた。その間には、各文明間の相互影響があった。だが、ユーラシア大陸の遠く東にあったため、これらの西方文明世界とは密接な結びつきを持たず独力で形成された唯一の大河流域文明が、すなわち黄河文明である。その、とくに上流地域が、漢（中華）民族とその文化の発祥地となったのである。

　したがって、古代・中世の数学は、それが属する文化の文脈に強く従属し、枠組みが特徴づけられるものだが、この孤立文明である黄河文明の性格を反映して、中国数学は、その数学思想と伝統も、古代オリエント数学やインド数学、ギリシャ数学などと比較すると、極めて特異な様相を持つことになったのである。とくに本書は、その黄河文明が生んだ数学の古典である『九章算術』をテーマとした。だが、そのより深い理解のためには、その背景となっていた黄河流域の大規模潅漑経済社会と、古代の統一国家と数学文化の担い手 Carrier であった官僚制度に目を向けておく必要があるだろう。

　まず、地政的側面では、中国は農業に縛られた内陸国家である。ヨーロッパ文化の場合が常にそうであったような海上交易都市国家ではなかった。中国（黄河）文明は、あくまで農業文明なのである。黄河の運ぶ水と黄土は、その流域に肥沃な華北大平野をつくり、その上に古代の中原の諸国家、列国が成立したのだが、この黄河文明の起源は、同時に、それは紀元前一五〇〇年頃から成長した中国封建制度の起源をも意味する。つまり、その降雨は非常に季節的なモンスーン型であり、年ごとに変化しやすく、氾濫も不定期である。そのため地中海文明圏で必要とされたよりも、はるかに大きな潅漑や河川の保護、河川の管理、排水や運河などの内陸航行の土木工事を必要とした。すなわち、農業社会の成立とともに、その古代社会の効率的な維持のために、何らかの強力な政治システムを必要としたのである。

中国皇帝のシンボルが龍であり、黄河を象徴し、また建国神話における聖天子の禹《う》などが治水神――上古の土木工事者のイメージが伝承の中で聖化されたもの――であるように、非常に早い時代から組織的な水利土木上の大事業が行なわれていた。殷《いん》王朝（前十二世紀まで）の時代には、それまで水害を避けて河川の段丘上の高原で行なわれていた農業が、人間集団の組織化と治水事業の発展とともに、次第に華北平原の低地へと開拓がすすめられていった。また、この時代に畑作の穀物から、部分的に水田の稲作に移っていったらしい。そして水稲農業には、潅漑設備が不可欠なのであった。

そして、中国史において紀元前三世紀までは、多くの列国が各地に並立していたのだが、黄河の治水事業のような大工事は、個々の封建領主によってバラバラに為されていたのでは効果がない。そのため、すべての権力が中央集権的な統一帝国に集中される必要があったのは、ある意味では文明史の必然であった。紀元前三世紀末の、秦の始皇帝によって、歴史の運動法則によってそうなるべくして中国は統一されたのである。

4．数学文化の担い手たち

紀元前数世紀の間に、中国の封建制が衰え、強力な統一帝国が誕生したのは、黄河の灌漑文明が封建制の地域主義に衝きあたり、北方騎馬民族に対抗する万里の長城構築も、同じことである。その大土木工事が個々の封建領主の能力と領土の境界を越えるものであったからであろう。

　この黄河の灌漑文明のような大土木工事と統一帝国を成立させるためには、青銅器時代から鉄器時代に移行した生産技術力の高揚とともに、大集団の人力を統制し、きっちりと組織化した社会をつくる必要性がある。すなわち中国史においては、灌漑と河川の保護事業は、どの時代にあっても、その農業社会の存続のために極めて大きな重要性を持った。その中部および南部における水稲栽培および北部の黄土地帯の耕作にとって、灌漑は疑いもなく最重要の国家的課題であった。また河川は輸送手段にもなっていた。税の徴集や兵站《へいたん》、物資や穀物の集積輸送にも内陸河川や人造運河が必要とされた。

　それ故、紀元前五世紀以前から、河川経済が発達すべき必要性が三つ——灌漑、河川管理、および物流と課税用穀物の輸送——があったのである。さらに、こうした作業のために徴集された何百万という人民を指揮、管理し、また広大な国域を効果的に統治するためには、**統一帝国**と、巨大な官僚層が**どうしても必要**なのであった。

　そこで黄河文明独得の「アジア的官僚制」あるいは「官僚的封建制」と呼ばれる官人《マンダリネイト》制度がつ

くられたのである。

この、いわゆる「アジア的生産様式」を維持するため、中央集権的な官僚制度が生まれた。そして多くの研究者も、アジア的官僚制の起源を、黄河の潅漑文明における大規模水利土木工事の必要から、大集団の力を指揮・統制するためであったと考えている。たとえば、ヨーロッパ初期の中国経済史家の一人であるK・A・ヴィットフォーゲル『中国の経済と社会』やジョゼフ・ニーダム『中国の科学と文明』なども説くのだが、一般的に言えば、中国の官僚制は、他の文明圏のように莫大な奴隷労働者を支配して成り立っていた体制とは違う。相対的に自治的な農村の共同体の基礎の上にたった非世襲的エリート（唐代以後は科挙《かきょ》で登用）、士大夫《したいふ》階級という本質的に地方地主の息子たちから補充された官吏たちによって運営された、ある意味では、民主的な国家機構なのであったともいえる。

その官吏集団は、皇室を中心とした中央集権国家の維持システムとして、人民の統治と租税の徴収も当然に行なったが、社会的には二つの役割を担っていた。すなわち、一方ではこの官僚集団は、国土全域の治安と防衛の組織の役割りを果たした。他方では、公共事業の建設と維持管理を行なったのである。そして中国社会においては、どの時代でも軍人より文官が常に高い地位であるように、社会的にも、前者の軍事的機能より後者の政治経済的機能の役割が、ずっと重要であった。

そのため、紀元前古くから、つぎの三点を目的とした一連の水利事業が継続的に営まれていたのである。（a）大河の治水、洪水の防御など。（b）灌漑用水、とくに水稲栽培のための水の利用。（c）課税分穀物を穀倉地帯から首都に運ぶための、広域運河系の開発。

これらのすべてが、**租税の徴収のほか、運輸、土木建設、賦役労働などの組織化**（ある意味では数字化）を必要とする。また広範な農業政策の指導や、軍隊の徴兵、給与、兵站、あるいは紀元前五世紀から塩や鉄製品が国有事業として専売品とされていたように、商業や金融を組織化し、統制することが、社会的にも必要であった。つまり、**すべてを積算、数値的に管理する必要**があった。こうしたタイプの社会・国家機構は現在、経済的高地管制《エコノミックハイコマンド》と呼ばれるが、それが紀元前五世紀から十九世紀の清帝国の滅亡まで続いた黄河流域から発展した灌漑文明の官人制度《マンダリネイト》での、官僚たちの担うべき社会的役割なのであった。

5. 東アジアの社会・文明・そして数学

このような制度が成立するためには、軍事的強制力は当然のこととして、一方においては、統治の中心となる強力な皇室と、その精神的正統性を裏付ける儒学《じゅがく》のような御用政治思想が必要である。また、他方においては、大土木工事を遂行し、人民や官僚群を組織できるテクノロジーの水準、科学技術史的な裏付けが必要であった。そして、母なる**ナイル河**がエジプト文明を生み、その社会の必要から**エジプト幾何学**を生んだように、また母なるチグリス・ユーフラテス両河がメソポタミア文明を生み、その**商業文明**の必要から**バビロニアの代数学**を生んだように、黄河の**灌漑文明**においても、中央集権の大規模灌漑経済社会を支えるための、**数学的裏付け**が絶対に必要なのであった。

この中国数学史の平易な案内書としては、日本においても藪内清氏著・岩波新書『中国の数学』などがある。中国においては銭宝宗氏著『中国数学史』、そしてケンブリッジの東アジア科学技術史家ジョゼフ・ニーダムの大著『中国の科学と文明・数学篇』などがある。

その数学史の流れを解説するのは本書の役目ではない。だが古代、中世の数学は、その文明圏の気風や経済体制、社会制度などの知的枠組み、社会的文脈における必要によって、その必要度に応じて形成され発達するものだ。そして中国数学も（その生徒である朝鮮数学・日本数学——和算も）、この黄河流域の中央集権的な農業、大規模灌漑経済社会を維持していく**必要から誕生**し、発達したものなのである。

このような古代文化や古代科学の水準は、**天文学**と**暦学**《れきがく》を調べれば大体がわかるものだが、中国史における殷代（前十二世紀まで）の甲骨《こうこつ》文字などの研究において、当時すでに天文暦法としてのプリミティーヴな太陰太陽暦の存在が確認されている。これは当然に、暦学の天体運動計算や数値処理の裏付けとなる、かなりの水準の数学の存在を推測させる事実でもある。また、紀元前五世紀頃の諸記録には、かなり正確な天体観測記録（極・赤道座標による惑星運動、蝕《しょく》、太陽黒点、新星、超新星、彗星など）も残る。つまり現代の旧暦計算と通じる基礎的な天体観測術と、天文暦法計算術が当時すでに存在していたのである。ちなみに、現代の天文学は、ギリシャの黄道座標系やアラビアの高度と方位の測定ではなく、**中国の赤道座標系**を用いている。

つまり、黄河文明は、独自・独得な数学を生んでいるのである。その世界の数学史における位置をみても、十進法の位取りと零の位を空白にしておく方法は、他のどの文明圏よりも早く黄河地帯で始まった。それとともに十進法による度量衡が行なわれた。このような天文学や数学の経験的な知識は、長い年月の間に集積、整理、洗練されて、やがて書物の形にまとめあげられる方向にすすんだ。

やがて秦《しん》帝国や漢《かん》帝国などの古代統一王朝の成立とともに、その数学は、その社会の数学的要請に応じて、収税、軍役計算、運輸、商業、土木工事、測量などの、官僚による行政のための、実用的な数値計算の技術、演算（Operation）数学という独得の形姿を形づくるようになった。つまり、その数学パターンは、つねに代数的であって、前に述べたように十進法の位取り、端数の十進法および十進法の度量衡、負数、不定式の解法、有限差分法、高次方程式の解法や概念などの工夫を生みだした。円周率πの正確な値も古くから用いられた。漢代の数学者は、高次方程式の根を求めるための**ホーナーの方法**を先取りして使用していた。実に個性的な数学の世界が成立していたのである。

6. 色々な文明と色々な数学

よく言われ、ジョゼフ・ニーダム氏なども力説することなのだが、その中国の数学思考は、いつも極めて代数的であって、幾何学的ではなかった。つまり、オットー・ノウゲバウアー氏などの論じるように、古代および中世においては「**数学は文化の反映**」なのである。そして古代・中世の中国数学（東アジア数学）も、その風土と社会環境を濃密に反映させたものであった。また、その数学的思考の様相においても、独得の世界を形成し、展開していた。

今日の私たちは、**十七世紀ヨーロッパの科学革命**（Scientific Revolution）以後の、ガリレオの言う「普遍数学」、ニュートン＝ライプニッツ系のヨーロッパ型の数学的パラダイムの裡にいる。そのために、数学——数概念や数学的思考法は一種類であるとの先入観が私たちの意識を拘束している。だが古代、あるいは中世数学はノウゲバウアー氏の論じる通りに、その多様な文明圏ごとの諸文化の反映としての多様な数学類型があった。つまり、それぞれの文明圏で、それぞれ独得な数学感覚と数学様式が存在していたのである。

例えばギリシャにおいては、その数学は海上貿易のポリス社会でのデモクラシーという社会制度——商取引の延長のような弁舌による法廷論争や政治論争好きの自由民が多い社会での、文化と精神の、理論的、論証的な性格を反映して、一般に論証的科学が生まれたとされる。そして、数学は実用的計算や技能ではなく、哲学の一種として、弁論や証明を重視する幾何学に向かう。非現実の観照の世界において、定義、公理、公準から出発する一連の定理の演繹体系としての、公理的論証数学が発達したのである。

だが、最近の古代オリエント数学史の研究が示すように、その数学的内容は決してギリシャの独創ではなかった。**バビロニアの代数学**と**エジプトの幾何学**という二つの全く実用的な、経験的な算術的事実の集まりであった両文明の古代数学が、まずギリシャに移植された。そして、ギリシャの自由な弁論と論証の気風の中で、数学的論証様式という高度に理論的なものに組み直され、その新しい土壌で育て上げられたのが**ギリシャ数学**なのである。その数学的ロゴス認識による最終到達点が、**ユークリッド**の『**原論**《ストイケア》』なのであった。

この数学様式は、世界の歴史の中での社会構造等の諸変化における適者生存の試練に耐えた。他の文明圏の数学様式が、中世の世界の水準と形態のままで停滞していたのとは違って、産業資本や工業技術の発達とともに、射影幾何学、解析幾何学、微分積分学、非ユークリッド幾何学、トポロジーと、つねに自己革新を続けた。そして、近代科学の成立において「**科学の女王**」としての数学的裏付けになった。今日、私たちが学ぶ数学様式も、このギリシャ数学の知的系譜の延長線上のものなのである。

一方、インドにおいての数学は、哲学と結びついたギリシャ数学とは違い、宗教と密接な関連を持つ方向にむかう。また古くから論理学が発達していた。

インド精神の象徴を重んじる宗教的・抽象的エトスから記号的認識が生まれ、代数的演算が進歩し、とくに**零の発見**（創造）は、世界数学史における**インド数学**の成果である。ただ、その数学はあくまで宗教の補助学の側面が強かった。数学文化の担い手 Carrier はバラモン僧やジャイナ僧であった。したがって、数学も天文学も、バラモンの祭礼、ヴェーダ聖典研究のための祭事学の一部として進められたのである。

7．九章算術の成立

これが中国となると、すでに述べたような大規模潅漑経済社会の中央集権体制の中で、その Carrier は官僚たちであった。あるいは郡県の下級の行政実務者たちであった。そのため、その数学は、ギリシャのような海上交易の商業社会の自由民によってではなく、黄河流域の農民を統治するための官僚による行政技術として、政治的な実務的特徴を帯びたわけである。

そして『九章算術』は、今まで見たような黄河流域の大規模潅漑経済社会を背景として、上古から先秦以来の数学的知識を集大成した、書物として残る東アジア最古の数学書なのであった。すなわち、紀元前後の黄河流域における中央集権的な農業社会での、実際的な社会維持のための数学的必要を基礎として生まれた。またすでに見たように、それは官僚制での行政の必要から生まれ、その内容は世界の数学史においても極めて個性的であり、その時代においては特に数値計算術と代数部門において、世界の水準を遙かに抜く先取的なものであった。

しかし、その原著者は不明である。おそらく、特定の個人ではなく、実務家集団の知識が長い間で集積され、書物化されたものと推測される。また成立年代は、その用語や内容の社会史的考証などから、おそらく**前三世紀の秦帝国の時代にその原型**となったテキストが成立した印象である。ただし、ほぼ現在に伝えられている書物の形に整えられたのは、漢帝国の初期の時代――紀元前百年前後以降ではないかと推測されている。三世紀半ばの**劉徽**《りゅうき》の序文によれば、秦帝国までの遺文（諸数学書）を、漢帝国の初期に**張蒼**《ちょうそう》という人物が収集して第一次的なテキストをまとめた。それを紀元前一世紀の半ばに、**耿寿昌**《こうじゅしょう》という人物が、さらに書物としての整理を加えたと述べられている。

また、藪内清氏著『中国の数学』によれば、前一世紀の頃に漢王朝に仕えた**劉向**《りゅうこう》・**劉歆**《りゅうきん》父子などの学者たちが全国からの書物を集めて整理をした書籍リスト（漢王朝政府の主要蔵書）が、後一世紀頃編纂の中国正史『漢書《かんじょ》』の芸文志《げいもんし》に収められている。その中に『許商《きょしょう》算術』二十六巻、『杜忠《とちゅう》算術』十六巻が含まれるのだが、**許商**と**杜忠**はともに前一世紀後半の人で、**杜忠**についてはは数学に通達した以外のことはよくわからないが、**許商**は高級官僚として治水事業に従事し、大司農（三公の一人、農業大臣）になったという。

この『漢書』芸文志には、肝心の『九章算術』の名前はあがっていない。だが諸研究者たちの考証によれば、この二種の数学書も、実は『九章算術』の亜流ではないかとも考えられている。だが、後一世紀になると、**馬援**《ばえん》や**鄭玄**《じょうげん》のような当時の大官や高級知識人たちが『九章算術』に精通していたという記録が、中国正史『後漢書』《ごかんじょ》などに残る。すくなくとも、この頃までには、ほぼ現存するような算術的内容のテキストが成立していたものと考えられる。

8. 古代・中世数学の世界

この『九章算術』の定本が確立された漢帝国の時代は、首都が長安であった前漢（西漢、前二〇六〜後二五）時代と、首都が落陽であった後漢《ごかん》（東漢、後二五〜二二〇）の二つに分けられる。短命な秦帝国を承《う》けて建てられた漢帝国は、すでに完全な鉄器文明の時代の王朝であった。それは中国史上初めてともいえる強力な統一帝国でもあった。そして秦帝国の始めた全中国の中央集権的な社会体制を完成させ、また治水事業、運河の開鑿、都市の整備などの大土木事業も引き継いだとともに、積極的な文治主義政策をとって、周《しゅう》時代以来の伝統文化を集大成し、再編成して、新しい中国文明を形成させた。

また、体制擁護の思想として、儒学を取り入れたのも漢帝国である。つまり、黄河流域全体を支配する統一帝国の成立によって、大規模潅漑経済社会が完成し、その新しい文化的土壌の上に中央集権型農業文明——ほぼ十九世紀までつづいた官僚支配による農業文明のスタイルが出来上がったのである。

その官僚たちは、士大夫《したいふ》階級の中の優秀な息子たちを登用した非世襲の役職であった。後に唐時代以後は、科挙《かきょ》（高級文官登用試験）によって選抜登用されたように、儒学を修めた学者的官僚という強い特色をもっていた。つまり知識人が同時に官僚になったのである。科学や技術の実務者や研究者も、また多くは官僚それも下級官僚によって占められていた。

紀元前以来、中国の上流の知識人の子弟教育において、その必須の六種の基本教養を**六芸**《りくげい》（礼、楽、射、御、書、**数**）と呼んだが、その一つに数学が入っている。このように、数学は中国の中央集権制度での文化で、造暦の必要からの天文学とともに、農業社会における正統科学の一つとされていた。数学書も、こうした下級実務者たちによって支えられ研究された数学的知識が、より上級の学者的官僚たちによって編纂し直されたものと推測できるだろう。

そして、この『九章算術』に代表される数学様式、あるいはパラダイムが、のちに222頁で見るように、中国数学史を仮に四期に分けた場合の、その第一期にあたる漢・唐千年の数学パターンなのであった。そしてこの数学様式は、五世紀の**祖沖之**《そちゅうし》による円周率の研究、その息子の祖暅之《そけんし》の球の体積の研究の成果などによって絶頂をむかえた。その著書の『**綴術**《てつじゅつ》』は、その内容の高度さのために、遂にその数学的正統が絶えて、テキストも消滅するという運命を辿る、突出した、逆説的水準にまで達していたのである。

唐《とう》時代（六一八〜九〇八）になると、「算博士」と「算学（国立算学校）」の制度が設けられ、数学者を養成する国家的教育機関が樹てられた。そして、それまでの一連の数学的成果は、唐帝国の算学の数学教科書として、国家公認の十種の数学テキスト――「**算経《さんけい》十書**（十部算経）」へと整理、集大成されていった。

その十種の数学テキストと内容について、本書では詳しく述べる余裕はないが天文数学書『周髀算経』・『九章算術』・三世紀**劉徽**の測地数学書『海島算経』・**祖沖之**の『綴術』・六朝時代（三〜六世紀）の『孫子算経』・『張邱建算経』・『五曹算経』・『夏侯陽算経』・『五経算術』、そして唐代の『緝古算経』である。これらの数学書は、天文数学書である『周髀算経』を除けば、みな基本的に『九章算術』の発展形といえるものであったとみられる。この「算博士」と「算学」、数学者の組織的教育の制度は、朝鮮や日本にも導入されることになる。

つまるところ、この『九章算術』が出発点となって原型を作った数学パターンが、漢・唐千年の数学なのであった。さらにいえば、それは十九世紀までの**中国数学**と、それの受容から出発した**朝鮮数学**、**日本数学**（**和算《わさん》**）の原形質を形づくった数学パターンなのでもあった。

9. 中国数学の歴史

このように『九章算術』は、大河文明の農業社会における、官僚実務の演算術の教科書なのであった。後に宋《そう》・元《げん》（九六〇～一三六八）の時代以降は、商業の発達にともない簿記、商業技術としての数学（演算術）、あるいは天文学の刺激からの新しい高次方程式解法（**天元術**）などの数学史的成果もあった。だが、基本的には中国数学は、官僚による官僚のための数学であった。そして東アジア圏の数学……朝鮮数学も、また日本数学（和算）も、基本的には、この中国の官僚数学の知的系譜に連なる。

この東アジアの数学様式は、ヨーロッパ数学が有産階級の知的エリートをCarrierとして、哲学や形而上学と深く結びついたのに対して、実務家の計算術ロギスティックであって、哲学方面との関連は薄かったようだ。ヨーロッパの近代数学が資本主義社会の興隆とともに成長をつづけ、近代科学における女王の役割を果たした。だが、それと比べると、東アジアの諸数学は、かつての東アジア中央集権型農業社会におけるサーバント、それも忠実かつ有能なサーバントの役割であったといえる。つまりは、農業社会の官僚（実務者）数学なのである。もっとも日本数学だけは、江戸時代以後は幕府天文方以外はCarrierが官僚ではなく、町人や浪人となったために、やがて天文学や実務との接触を失い、遊びとしての一種の芸道となるが……。

ともかく、大まかにいって、中国数学史は四つの時期に分けられるだろう。

(1) 漢・唐の数学 ……………八〇〇

(2) 宋・元の数学 九〇〇……一三〇〇

(3) 明・清の数学 一四〇〇……一七〇〇

(4) 十九世紀以後の数学 一八〇〇…………

第一の時期は、思想史における古典的な儒学型社会、封建支配的な農業社会の時期と対応し、第二の時期は、仏教やイスラム文化の刺激をうけて新儒学（朱子学）が成立し、印刷術の普及による知識人層の拡大、商業資本や市民階級が興隆した時期と対応する。第三の時期は、清帝国の庇護下でのイエズス会宣教師によるヨーロッパ科学の導入の時期にあたり、数学・天文学のCarrierが、主にヨーロッパ人であった時期と対応するだろう。

これが東アジア数学——**中国数学を本流として朝鮮数学・日本数学を分派とする**——の大摑みな枠組みと流れである。その(1)の時期の東アジア数学の祖型ともいえる、おそらく東アジア最古の体系的数学書、それが本書のテーマの『九章算術』なのであった。

10. その数学的特異性と先進性

そのためなのか、このような官人制度《マンダリネイト》の中での、実務家を科学文化の Carrier とする中国の数学思想は、常にどこまでも演算的で計算的な数学様式であり、代数的であった。ギリシャ数学のように公理と証明を重視する幾何学的な、公理論証的な様式とは異なっていた。『九章算術』などの伝統数学書も、問題と回答に少しの解説、それも演算手順のみを示すという叙述スタイルであった。数学的原理と論証方法については言及されていなかった。そのために、**ギリシャ数学**の思想（方法論）は**ガリレオ**、**ニュートン**の時代に自然科学と結びつき、**科学の女王**として精密科学（exact science）への起動力となったのに、数値計算術にとどまった中国数学は、その先取的で精緻な数学史的成果にもかかわらず、**デカルト**の標榜した幾何学的精神の不足のために、つまり数学的公理、公準より発する論証の方法と演繹的論理系の形態を択《と》らなかったために、近代科学誕生への数学的兵器庫の役割を果たせなかった。

だが、ヨーロッパで**負数**が登場するのは、十七世紀の**デカルト**以後であるのと比較して、二千年前の『九章算術』の段階で、既に自由な負数計算が展開されていた。また、計算盤（exchequer）上に算木をならべる器具代数術による、多元や、**高次の代数方程式解法の定式化**で、ヨーロッパにおいては十九世紀の中頃まで実現しなかった**行列演算法**の先鞭をすでにつけていた。一応の、基本的完成を為していたのである。

一面では、**十七世紀ヨーロッパの科学革命** Scientific Revolution 以前の、世界史の中世の時代において、中国数学は、確かに幾何学的思考は欠落していたが、しかしその演算法という面においては、遥かにヨーロッパ数学を凌駕していたのも、また科学史上の事実であった。

たとえば、科学史家のジョゼフ・ニーダムは『文明の滴定・科学技術と中国社会』において、次のように説くのである。「紀元前五世紀から紀元後十五世紀においては、中国の官僚的封建制は、自然の知識を実用化する場合に、奴隷所有の古代文化、あるいはヨーロッパの農奴に基礎をおく軍事的貴族制の封建制度よりもずっと有効であった。生活水準はしばしば中国のほうが高かった。マルコ・ポーロが杭州は天国だと思ったことは周知の事実である。たとえ全般的にみて理論はあまり存在しなかったとしても、それ以上に応用が存在したことは確かである。……紀元以後の十五世紀間を通じて、中国のテクノロジーは、ヨーロッパが示してくれるものよりも一段と進んでおり、はかるに進んでいた場合が多かったことを認めたほうが公正であろう」。

11. トインビーの極東文明圏論

イギリスの歴史家のアーノルド・トインビーは、その大著『歴史の研究』の中で、人類の文明の曙は、約五千年前のことであるとして、この五千年間を文明の時代と呼び、歴史学あるいは文化人類学的方法による文明論の研究対象期間とする。そして、その第一篇において、はなはだ図式的で巨視的な説明だが、かつて過去・現在と、世界史上において出現した諸文明を、二十一文明圏に整理する。それは、その著第一篇第一章の、つぎのような表である。

	親縁関係のない文明	親縁関係のある文明			
		外的プロレタリアートにより関係あるもの	内的プロレタリアートにより「子」の関係になったもの		支配的少数者を通じて結びついたもの
			創造的の芽が外来のもの	創造的の芽が戸着のもの	
紀元前四千年	エジプト＋シュメル				
紀元前三千年	ミノス				
紀元前二千年	シナ（?）	インド＋ヒッタイト シリアック＋ヘレニック			バビロニア
紀元前　千年	マヤ アンデス（?）				
紀元			極東（本体） 極東（朝鮮および日本） 西欧＋正教キリスト教（本体）	ヒンズー	ユカタン＋メキシコ
紀元　千年			正教キリスト教（ロシア）	イラン＋アラビア	
紀元　二千年					

そこにおいてトインビーは、始源的な先行文明と、その知的伝統を承け継いで発展していった子文明との文明史的な親子関係（apparentation and affiliation）を想定しているのだが、中国文明（Sinic）から派生した二つの極東文明（Far Easten Society）を整理している。それは前頁の図のように、**極東文明（本体）**と、**極東文明朝鮮・日本分派**の二つである。

12. 朝鮮と日本の数学

このような文明圏が形づくられたのは、たとえば日本史を例にとるならば、八世紀から十世紀の遣唐使などが盛んに発遣され、積極的に新文明を受容しようとした律令時代の時期にあたるだろう。

朝鮮数学史は、それより何世紀か早い。日本数学史は、奈良時代頃から朝鮮半島の渡来文化により暦・建築・計算術などの数学文化が入ったのだろう。だが、それが算学制度として設けられるようになったのは、この時代からのようである。つまり、唐帝国の新しい文明とともに、『九章算術』を筆頭とする「**算経十書**《さんけい》」、そして国立数学々校課程である**算学**《さんがく》の制度が、日本に輸入されたのである。それは新しい環境に適応して、すくなからぬ変化を蒙っているのが見られるが、その中国の唐《とう》王朝、朝鮮の新羅《しらぎ》王朝、日本の大和《やまと》王朝における算学制度での課程と使用テキストは、つぎの表の通りである。

三国の算学制度対照

事項＼国名	新　　羅	唐	日本（養老令）
学生の年齢（入学当時）	15 ～ 30 歳	14 ～ 19 歳	13 ～ 15 歳
入学資格	大舎（中央十七の官等のうち大十二位）以下無官の者	八等品以下、庶民の子弟	五位以上の子弟および東西史部の子弟
教科目	六章・三開 九章・綴術	九章・海島・孫子・五曹・張丘建・夏侯陽・周髀・五経算 綴術・緝古 数術紀遺・三等数	九章・海島・周髀・五曹・九司・孫子・三開重差 綴術・六章
修学期間	9 年以上	7　年	7　年

これについては、朝鮮史書『三国史記』には、**新羅**は唐にならい算学制度を設けたとあり、「算学博士および助教、それぞれ一人。綴経《てつけい》、三開、**九章**、六章を以て之を教授す」とある。**日本**では、九世紀の『令義解』という法律・行政の解釈書に、「およそ算経は、孫子、五曹、**九章**、海島、六章、綴術、三開重差、周髀、九司をおのおの一経とし、学生は経を分かち業を習え」とある。ここでも新羅と日本、**両国ともに**『九章算術』が、その算学制度での**基本教科書**になっているわけだ。

13. 日本数学・和算

この日本の算学制度について、日本の数学史家たちは、唐の制度にはない『六章』『三重開差』『九司』などのテキストが用いられていることなどから、唐の制度をそのまま移したのではなく、同時期の朝鮮の新羅の制度を参酌・受容したものと考えているようだ。しかし、金容雲・金容局氏共著『韓国数学史』では、日本の算学制度は、おそらく古代朝鮮の一国である百済《くだら》の制度を継いだものと考えている。

『日本書紀』などにも、六世紀の頃に、大和朝より当時同盟関係にあった古代朝鮮三国のひとつである**百済国**に対して、**医博士**、**易博士**、**暦博士**の渡日依頼が頻繁にされている記録がある。その渡来人から学んで始まった日本の暦法（天文数学）は、やがて推古《すいこ》朝の聖徳太子の時代に、**百済暦博士**の来日による頒暦編纂により公式に始まった。そして八世紀に唐の制度に習い、算学制度も取り入れられたようだ。だが、この日本の算学制度の実態は、形式的でしかなかった印象だ。

たとえば暦法でも、**元嘉暦**《がんぎ》（南朝劉宋―百済暦）、**儀鳳暦**《ぎほう》（唐暦）、**大衍暦**《だいえん》（唐暦）と次々と伝来されたものを採用していた。だが暦学・算学制度が完備されたはずのこの時期になると、逆に、七八〇年に遣唐使の帰国によって持ち帰られた新しい天文暦法である**五紀暦**《ごき》が、七八一年に勅命により採用されようとした。だが『続日本紀』では「習学するに人無く、業《わざ》を伝えることを得ず」ということで見送られたと書かれる。ところが当時の暦は、太陰すなわち月の朔望《さくぼう》（満ち欠けの運動）を基準にするために、二百年に一度は根本的な修正（天体観測と計算により天文常数の修正・新暦の編纂）を施さないと、誤差が集積し、月の朔望と暦が非常に食い違うものになってしまう。これでは太陰暦の意味がない。だが改暦ができなかった。また天文里差（緯度・経度差）の修正も必要である。このように、新暦法の理解・受容能力がなかったことを見ると、その暦学制度・算学制度と数学的能力も、形式的なものであったとの印象が実は強い。

だが、ともあれ、日本における組織的な科学文化の出発点となった教科書が、本書のテーマである『九章算術』である。日本の制度的な科学・技術文化も、ある意味では、ここから始まったわけだ。

日本における『九章算術』の歴史をたどる意味では、本書のテーマからの逸脱だが、さらに日本数学史について見れば、やがて時代とともに、逆に古代・中世日本の数学・科学文化は、大幅に後退する。たとえば八五九年に渤海《ぼっかい》国使（旧満州にあった古代朝鮮三国の一つ高句麗の後継国家）より伝えられた**宣明暦**《せんみょう》（唐の長慶宣明暦）が、その時代以後は、もはや改暦の能力がなかったために、以後、約八二三年間もそのまま用いられた。その間、暦と実際の月の運動が、八世紀ものあいだ無茶苦茶なものになったままだった。つまり、天文学や行政とむすびついた正統数学の伝統が途絶えたようである。

そして、江戸時代の一六八四年になり、朝鮮経由で渡来した中国明代の天文暦法・数学（**授時暦**・**算学啓蒙**）の学習と受容、さらに新しい中国暦法学習の結果、幕府天文方**渋川春海**（安井算哲）によって**貞亨暦**《じょうきょう》への改暦が行なわれ、やっと実際の天体運動（月の朔望・日蝕・月蝕）と合致する正しい天文暦法に改められたという、長い科学文化的空白期が生じた。

このような、停滞した日本の中世の文化情況のため、平安時代には、ある程度は研究されたらしい『九章算術』も散逸してしまう。鎌倉、室町期では、日本における数学研究はほとんど中断された。そして『九章算術』が学ばれたという記録もないようである。だが、徳川時代の初期に、明の**程大位**《ていだいい》の『**算法統宗**《さんぽうとうそう》』が中国より輸入された。**吉田光由**がそれをまねて『**塵劫記**《じんごうき》』を編纂し、当時の日本でのベスト・セラーとした。これが日本の江戸時代の和算《わさん》の出発点となった。

この明の**程大位**の『**算法統宗**』は、数学内容的には『九章算術』の中身をほぼ網羅している。この数学書を学べば、もう『九章算術』を読む必要がなくなった。また、その頃の中国においても『九章算術』テキストそのものが失われ、あまり知られなくなっていた。その為に、もはや江戸時代の日本では、『九章算術』そのものは、ほとんど読まれることがなかったのである。

やがて日本には、朝鮮から、222頁の(2)の宋《そう》・元《げん》の数学を代表する元の**朱世傑**《しゅせいけつ》の『**算学啓蒙**《さんがくけいもう》』の朝鮮版本が輸入された。

そして、政治の安定と商業資本の興隆による漢文読解力の向上とともに、町人や浪人をCarrierとして、盛んにこの数学書が研究された。この『**算学啓蒙**』は、一種の代数学である**天**《てん》**元術**《げんじゅつ》(一元高次方程式解法)を主な内容とするが、それの受容と日本的改良(器具代数から筆算化)から、**関孝和**《せきこうわ》らの日本数学――**和算が誕生**していったのである。

しかし、その数学的概念や様式、数学書の用語やスタイル、基本的なパラダイムを造り上げたのは、結局のところ『九章算術』の修正的発展なのであった。十九世紀のヨーロッパ数学の本格

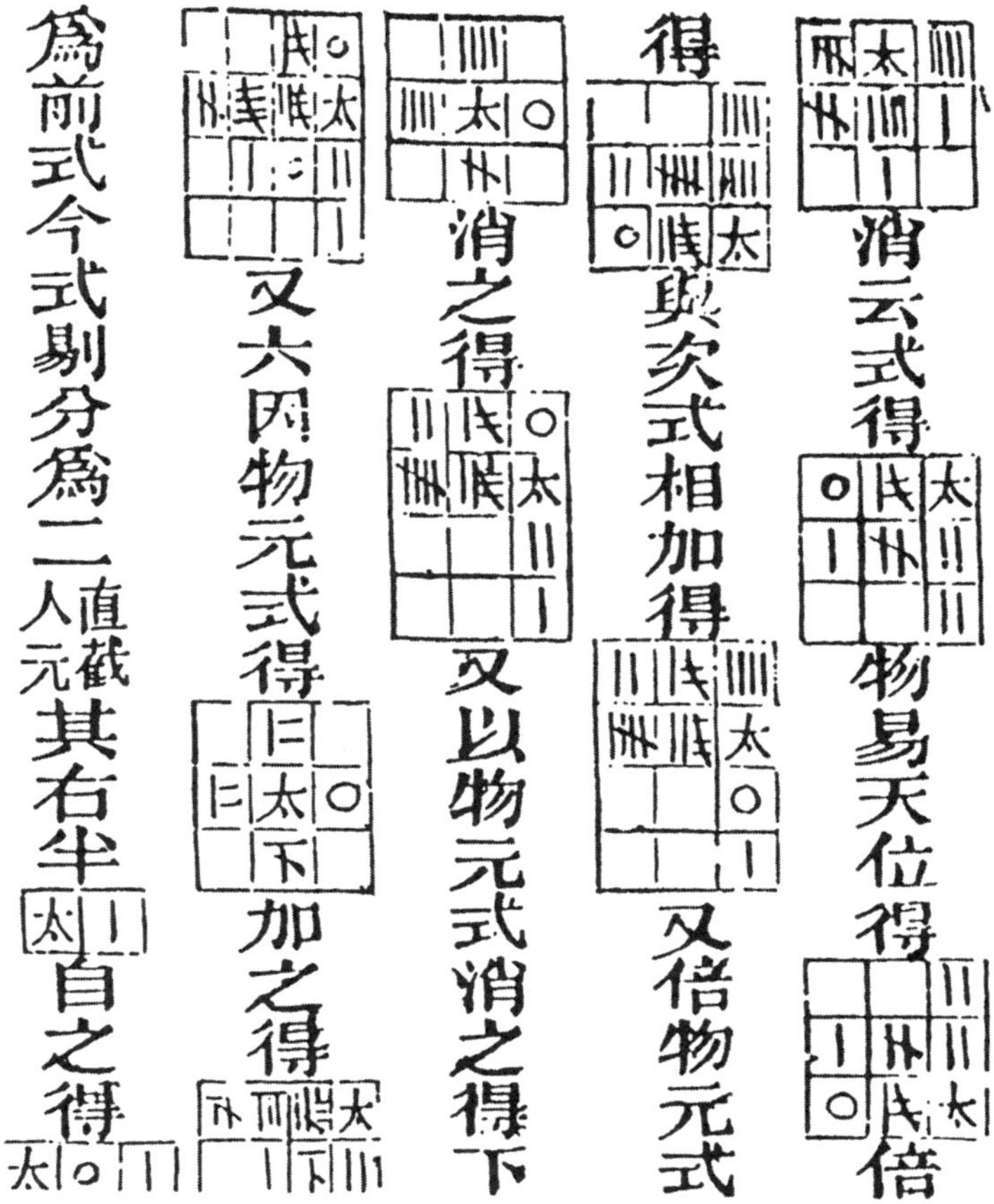

朱世傑の代数書『四元玉鑑』(1303 年) の一頁。四角い区角は布算の枠であるが「0」と負数の記号が表わされ、「行列式」となっている。

的な導入以前における東アジアの諸数学……中国・朝鮮・日本数学は、その時代の数学家たちが『九章算術』を意識していたにせよ、いないにせよ、その抜き難い潜在的な影響力（パラダイム）から、その牢固な数学パターンからは、遂に出ることは出来なかったのである。だが、しかし三国なりの、差異は些《いささ》かは生じてはいたのだが。

14．東アジア三国数学の展望

そのような意味からも、中国、朝鮮、日本、東アジア三国における「数学」の比較が興味深い。たとえば、シュペングラー『西洋の没落』が数学論から始められるように、各文化における数学類型の検討は、その文化の基層システム、深層思考パターンを如実に示すものであり、比較文明、文化史、あるいは思想史への強力な照明源である。

そこにおいて、東アジア三国の数学は、ジョゼフ・ニーダム『中国の科学と文明』を編纂するケンブリッジ研究者集団が着実に体系化していっているように、日本の数学（和算）も朝鮮の数学も、中国数学の影響が非常に広範でかつ決定的で、公正なところ中国数学の一支流には違いない。しかし和算も朝鮮数学も、単に中国数学の一流派にとどまらず、その文化伝統と精神風土、社会環境のなかでの受容と変容、一種の融合《アマルガメーション》が生じているのも事実なのである。

例えば代数方程式。この「**方程式**」という言葉は、すでに見たように二千年以上も前の中国数学書、すなわち本書のテーマでもある『九章算術』方程章からのものであった。その方程式思考と演算法は、世界数学史における中国数学の大きな成果でもあった。それは宋・元の時代に**天元術**《てんげんじゅつ》（算木による器具代数での高次方程式解法）として一つの完成に至った。これは今日の**行列演算**と同一であって、ヨーロッパ数学に五百年以上も先んじていた訳である。

この**天元術**は、十三世紀**朱世傑**『**算学啓蒙**《さんがくけいもう》』に集大成。同時期に天文暦法『**授時暦**《じゅじれき》』とともに**朝鮮に伝わった**のだが、内容が高度であり過ぎたためか、奇妙なことに本家のはずの**中国では伝承者が絶え**、テキストも消滅。ところが朝鮮にのみその数学的伝統が保存され、科挙明算科算学生の基本テキストとして国家により銅版活字により刊行、推進されるという逆転現象が生じた。

十六世紀中国の**顧応祥**《こおうしょう》は、**天元術**を復元しようとして遂に理解できず、一八三九年に朝鮮本『**新篇算学啓蒙**』が**羅士林**《らしりん》によって中国に還るまで、高次方程式解法とテキストは、本家中国では途絶する。

ところが**和算**が興味深い。**関孝和**が微分・積分を理解した云々は、戦前の日本の立場で、現在では日本の数学史家もとらないが、高次方程式を純化させた朝鮮数学の成果が、朝鮮性理学《せいりがく》と日本朱子学《しゅしがく》との連関と同様に、日本に伝わる。その文化受容の結果が、**関孝和**や**建部賢弘**《たてべけんこう》『**授時発明**』『**算学啓蒙諺解**《げんかい》**大成**』となる。ただ日本では、算木による器具代数はあまり普及しておらず、それを紙の上での筆算の形に改めたのが、すなわち和算の最高成果とされる**点竄術**《てんさんじゅつ》なのである。独したがって、これもパラダイム論からすれば、まったく**天元術**の枠組《パラダイム》み内のことなのである。

創ではなく、また**建部賢弘**の円周率算出法も、三世紀**劉徽**の**割円術**そのままである。

ヘルダーは、諸民族相互間の文明の連鎖や諸文化の伝統の大きな連関を「教養の黄金の鎖」と表現している。知的進歩は、直線でもなく円でもなく、螺旋を描くのでは。十九世紀ウェスタン・インパクトでのヨーロッパ文明への対応の差が、以後の東アジアの風変わりな歴史の展開、エピステメ構造の変化となったのだが、数学一つを見ても、何十年か後の東アジア三国の知的情況が、なかなかに興味深いところなのかもしれない。

15. 四庫全書版テキストの周辺

さて、本書が解説している『九章算術』テキストは、清帝国の**乾隆帝**《かんりゅう》（在位一七三六～一七九五）の時代に、その皇室の四庫全書館で奉勅撰された欽定《きんてい》四庫全書の原刊本であった。このテキストの周辺の事情について、最後に、すこし説明が必要であろう。

まず、中国数学の過去・現在にわたる大摑みな流れは、222頁のように、仮に四期に分けられる。（1）を代表する数学書が『**九章算術**』であり、（2）が**朱世傑**《しゅせいけつ》の『**算学啓蒙**』、（3）がイエズス会の中国派遣修道士たちが漢訳したヨーロッパ天文・数学書の『**天学初函**《てんがくしょかん》』『**同文算指**《どうぶんさんし》』などであろう。

とくに『**九章算術**』の歴史を見れば、（2）の時代には、**楊輝**《ようき》による『**詳解九章算術**』のよう

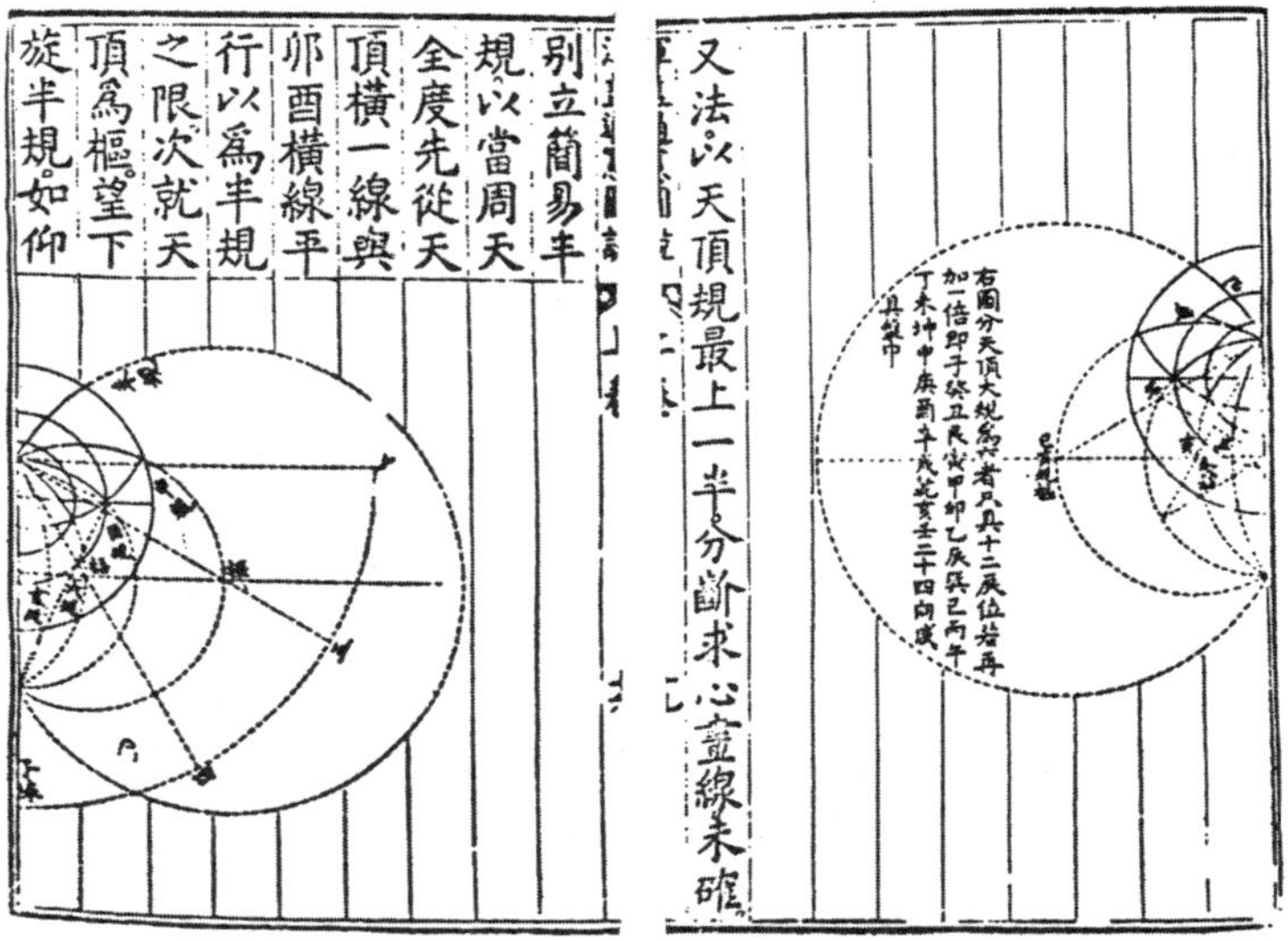

朝鮮版本『天学初函』

に、新しい数学研究成果を加えたものが木版印刷で刊行されたこともあったが、(3)の明《みん》時代に、中国文化全体の停滞とともに算学も沈滞した。また、新しい数学書も出現し、『九章算術』などの数学テキスト類も、長い治乱興亡の歴史のあいだに散逸を繰り返した。

そして清《しん》王朝(一六一六〜一九一二)の時代となる。周知のように、清王朝は、わずか数百万の満州人が何億という漢民族を征服支配した、中国史の立場からすれば異民族王朝である。

その帝室には、**康熙《こうき》帝**のように自らヨーロッパ科学と数学を学んだように好学な君主が多く、またヨーロッパ人であるイエズス会宣教師を、科学技術者として積極的に登用したりしていた。だが、その国内(漢民族）統治のための文化政策は、ある時は漢人学者を優遇して文化振興策を択《と》って民族的な反感をそらすとともに、ある時は反清朝的言論を徹底的に弾圧するというアメとムチ政策的な両面性を、常にもっていた。そのような清王朝の文化政策の一つに、**四庫全書館**の仕事があった。

四庫全書とは、当時現存していた古今の重要な書物を網羅した大叢書である。それを**経**《けい》、**史**《し》、**子**《し》、**集**《しゅう》の四部に大別して各部ごとに一書庫に収蔵したので、この名があるわけである。

乾隆三十八年（一七七三）二月に四庫全書館を開いて、宮廷の図書や政府蔵書、全国の個人所蔵図書の善本一七万二六二二六巻を集めた。そして反清王朝的な書物は禁書として焼き捨て、そうでない重要書物合計三四七〇種、七万九〇一八巻を、総編纂官、紀昀《きしゃく》、陸錫熊《りくしゃくよう》、孫士毅《そんしこく》の他、三百六十余人を動員して整理した。宮中の武英殿を繕写処として、諸テキストの整理、分類、注釈、筆写などをして、その五十二年（一七八七）までに、各七セットの写本が作られた。さらに、またその一部の図書は、印刷、出版された。また、民間においても、各種の印刷本がつくられ、世《よ》に流布することになった。

そして数学は、**子部**《し》の**天文算法類**に分類されており、二十五種、二〇一巻があった。そのうち木版字により印刷刊行された「武英殿聚珍《しゅうちん》版叢書」におさめられた算経十書（220頁参照）は『九章算術』、『海島算経』、『孫子算経』、『五曹算経』、『五経算術』、『夏侯陽算経』などの七種であった。
これらの古い算学書は、当時すでに散逸し、ほとんど失われていたのだが四庫全書の撰定で数学部門を担当した、清代を代表する考証家の戴震《たいしん》という優れた学者が、民間の諸テキストを収集した。そして、明代の大百科全書である『永楽大典《えいらくたいてん》』などから一つ一つ失われた断片を抽出し、集め直した。さらに厳密なテキスト考証を加えて、定本として確定したのである。それが今日に残る、この東アジア最古の数学書の由来なのである。それが本書のテーマであった。

かつてのフランスの数学者アンリ・ポアンカレは、「過去の数学を調べることは、未来の数学の可能性を探ることだ」との言葉を残した。そして、本書のテーマであった『九章算術』は、世界の数学史、あるいは東アジアの文明・文化史上において、極めて重要な位置を占める書物なのであった。

だが、この数学様式が現代に復活することは、もはやないだろう。

言語学者のノーム・チョムスキーは、アインシュタインの相対性理論をもっともよく理解できる言語は、アメリカ原住民のホピ・インディアン語だと述べる。この本の著者は数学と言語学の関係を論じた本を読んだことはないが、日本の数学家にも、日本語は数学に不向きであり、英語を用いるべきと説く人もいる。

明確な文法をもつサンスクリット語とインド論理学・数学は対応関係にあるが、中国語と中国数学も構造が対応するのであろう。

我々は、所与の言語の能力の範囲でしか、思考できないからである。世界において、論理学が誕生し、発達したのは、インドとギリシャのみである。だとしても考えるのだが、我々の東アジアの諸文化の深層を形作り流れている思考様式は、おそらくこのような『九章算術』的な傾向を持つのではないのか。そのような印象も可能であろう。それは、原理よりも応用である。

ともあれ、こうして二千数百年前の人々の数学的営み、その精神の生き生きとした世界を眺めてみるのも、二十一世紀に生きる我々の、精神の喜びの一つではないだろうか。

また、数学史への理解は一般教養の一つとして有意味なだけでなく、、算数・数学教師の必須の素養としても重要なものと考えられる。また、算数・数学の先生方は、『九章算術』の問題を生徒に解かせて、その歴史的背景をご説明されるのも、おもしろいことではないだろうか。

なお二四五問の数学的解釈に、この本の著者は絶対の自信を持つものではないので、先生方が、より正しく美しい式と解釈をつくられれば幸いと思う。

[編・著者紹介]

孫栄健（そん・えいけん）

著書に『日本渤海交渉史』（彩流社）『「魏志」東夷伝への一構想』（大和書房）『邪馬台国の全解決』（六興出版）『朝鮮戦争』（総和社）『胡媚児』（ベネッセ）『塩の柱』（批評社）『言語のくびき』（影書房）『領域を超えて』（新幹社）

『Windowsの基本の基本』『はじめてのVisual Basic』『一夜づけのOutlook』（以上明日香出版社）『消費者金融業界』（日本実業出版社）などがある。

装丁………山田英春

DTP制作………勝澤節子

編集協力………田中攝、田中はるか

古代中国数学

「九章算術」を楽しむ本

発行日❖2016年3月20日　初版第1刷

編・著者

孫栄健

発行者

杉山尚次

発行所

株式会社言視舎

東京都千代田区富士見2-2-2 〒102-0071

電話 03-3234-5997　FAX 03-3234-5957

http://www.s-pn.jp/

印刷・製本

モリモト印刷(株)

ISBN978-4-86565-044-0 C0041